酶法合成催化体系构建与机制研究

Construction and Mechanism Study
of Enzyme-Catalysed
Synthesis Systems

李伟娜 / 著

化学工业出版社

· 北 京 ·

内容简介

本书系统探讨了酶法合成催化体系的构建与机制研究，重点分析了脂肪酶、糖苷酶及低共熔溶剂在产物合成中的广泛应用，特别是在合成化学中的高级应用。通过生物柴油和稀有人参皂苷等绿色转化体系的实例，揭示了酶在工业应用中的潜力，并详细讨论了酶稳定化及性能调控的工程化策略。

本书为生物催化与酶工程领域的研究人员提供了翔实的理论指导和实践参考，也适合作为生命科学、生物技术等相关专业高年级本科生及研究生的教材或参考书。

图书在版编目（CIP）数据

酶法合成催化体系构建与机制研究 / 李伟娜著.

北京：化学工业出版社，2025. 6. -- ISBN 978-7-122
-48172-6

Ⅰ. Q55

中国国家版本馆 CIP 数据核字第 2025ZQ0546 号

责任编辑：任睿婷 　　　　　　　　　　　文字编辑：李宁馨
责任校对：边　涛 　　　　　　　　　　　装帧设计：刘丽华

出版发行：化学工业出版社
　　　　　（北京市东城区青年湖南街 13 号　邮政编码 100011）
印　　装：北京天宇星印刷厂
710mm×1000mm　1/16　印张 10½　彩插 3　字数 200 千字
2025 年 10 月北京第 1 版第 1 次印刷

购书咨询：010-64518888 　　　　　　　　售后服务：010-64518899
网　　址：http://www.cip.com.cn
凡购买本书，如有缺损质量问题，本社销售中心负责调换。

定　　价：88.00 元

前言
PREFACE

酶作为高效、环保的生物催化剂，在能源、医药等领域具有重要应用。然而，天然酶存在稳定性差、易失活等问题，极大地限制了其产业化发展。目前亟待解决的关键科学问题包括：特异性酶的活性不高、所涉及酶及其催化机制仍不明确、酶蛋白分子结构的酶学研究不系统，改善酶催化性能的研究仍处于探索阶段，缺乏系统的理论支撑和高效的工程改造策略。

本书内容主要聚焦于脂肪酶、糖苷酶酶法合成催化体系的构建与机制研究，详细探讨了生物催化与酶工程的理论基础、技术进展及应用实例。全书共分为5章。第1章综述了生物催化与酶工程的发展，涵盖了生物催化的基本概念、酶工程的最新进展以及未来研究的动向与挑战，为读者提供全面的理论基础。第2章介绍了脂肪酶在传统催化应用中的概况，详细描述了脂肪酶的基本特性、应用领域及其固定化技术，包括固定化方法和效果评估。通过分析脂肪酶催化油酸乙酯合成的具体案例，展示了脂肪酶在传统体系构建中的策略创新。第3章深入探讨了脂肪酶的高级催化机理与应用，分析了脂肪酶催化合成反应的选择性与效率，阐述了其催化机制与结构的关系，并通过Knoevenagel缩合反应的实际案例，探索了相关生物大分子的催化设计。第4章探讨了糖苷酶的基础及应用研究，介绍了糖苷酶的种类、作用机理及其在传统工业中的应用，分析了糖苷酶转化技术的发展与面临的挑战，并提出了优化策略。并通过人参皂苷转化的创新研究案例，展示了糖苷酶在创新策略与发展中的重要作用。第5章探讨了糖苷酶在高级合成中的应用与创新，介绍了新合成路径的开发及糖苷酶的应用潜力，深入解析了糖苷酶的催化机制及其活性与稳定性研究。

本书通过具体案例和应用实例，展示了酶在实际生产中的巨大应用潜力，希望能为酶工程和生物催化领域的研究者提供有益的参考，推动酶法合成技术的发展与应用。

本书由李伟娜著。本书获得了西北大学"双一流"建设项目、国家自然科学基金面上项目（22378330）及国家重点研发项目"天然活性产物生物制造技术"

（2021YFC2101500）的资助。西北大学生物工程系和化学工业出版社在本书编写过程中提供了鼎力支持，研究生申文凤、郭花、张兴旺和韩鑫等对本书案例研究做出了重要贡献，周子桐、雷佳驹、牛子阳等对本书进行了修改及校对，在此一并表示感谢。

　　本书内容的形成历经多个阶段的积累与沉淀。在本书最终成稿之际，谨向在科研思维、学术训练与课题设计方面给予我悉心指导的谭天伟院士表示衷心感谢，是他为我奠定了坚实的专业基础。同时，衷心感谢对本书相关研究工作给予重要指导与支持的范代娣教授，二位导师的教诲与引领贯穿于本书研究工作与写作过程的始终，谨向他们致以最诚挚的谢意！

　　由于作者水平有限，加之本书涉及的领域宽泛，如有疏漏或不妥之处，敬请读者予以指正，使本书日臻完善。

著者

2025 年 2 月

目录
CONTENTS

第 1 章　生物催化与酶工程综述 // 001

1.1　生物催化概论 ………………………………………………………… 001

1.2　酶工程进展 …………………………………………………………… 002

1.3　研究动向与挑战 ……………………………………………………… 003

参考文献 …………………………………………………………………… 003

第 2 章　脂肪酶传统催化应用 // 006

2.1　脂肪酶概述 …………………………………………………………… 006

　2.1.1　脂肪酶的基本特性 ………………………………………………… 006

　2.1.2　脂肪酶的应用领域 ………………………………………………… 009

2.2　脂肪酶固定化技术 …………………………………………………… 011

　2.2.1　固定化材料及方法 ………………………………………………… 012

　2.2.2　固定化效果评估 …………………………………………………… 017

2.3　油酸乙酯合成研究案例 ……………………………………………… 018

　2.3.1　低价油酯化制备油酸乙酯生物柴油 ……………………………… 019

　2.3.2　脂肪酶固定化工艺创新 …………………………………………… 020

　2.3.3　无溶剂油酸乙酯化反应催化 ……………………………………… 039

　2.3.4　其他酯化反应的催化 ……………………………………………… 046

参考文献 …………………………………………………………………… 046

第 3 章　脂肪酶高级催化机理与应用 // 050

3.1　脂肪酶在合成反应中的作用 ………………………………………… 050

　3.1.1　脂肪酶催化合成反应 ……………………………………………… 050

　3.1.2　脂肪酶的催化多样性与应用 ……………………………………… 050

3.2　脂肪酶催化原理 ……………………………………………………… 051

3.2.1 结构与催化机制 ·· 051

3.2.2 混杂性机制 ·· 051

3.3 生物催化 Knoevenagel 缩合反应案例研究 ······················ 053

3.3.1 脂肪酶催化底物混杂性能探究 ·· 053

3.3.2 核酸催化反应动力学机理 ··· 063

3.3.3 核酸催化动力学研究方法 ··· 064

参考文献 ··· 073

第 4 章　糖苷酶基础及应用研究 // 078

4.1 糖苷酶概述 ··· 078

4.2 糖苷酶生产与分类 ··· 078

4.2.1 糖苷酶生产技术 ·· 078

4.2.2 糖苷酶分类 ··· 083

4.3 糖苷酶传统工业应用 ·· 084

4.3.1 生物燃料 ··· 085

4.3.2 食品和饮料 ··· 086

4.3.3 制药应用 ··· 086

4.3.4 微量活性化合物生产 ··· 086

4.4 糖苷酶转化技术的发展与挑战 ·· 087

4.4.1 糖苷酶合成策略 ·· 087

4.4.2 溶剂工程 ··· 089

4.4.3 酶固定化 ··· 091

4.4.4 面临的挑战 ··· 093

4.5 人参皂苷转化创新研究案例 ··· 095

4.5.1 低共熔溶剂体系下的底物补料分批转化工艺研究 ················· 096

4.5.2 羧化壳聚糖包被的磁性纳米颗粒固定化酶 ························ 103

参考文献 ··· 111

第 5 章　糖苷酶在高级合成中的应用与创新 // 118

5.1 糖苷酶在高级合成中的应用 ·· 118

5.1.1 新合成路径的开发 ·· 118

5.1.2 糖苷酶的应用潜力 ·· 119

5.1.3 问题和展望 ··· 120

5.2　糖苷酶结构机理解析 ·· 121

5.2.1　催化机理 ·· 121
5.2.2　活性位点结构特征 ·· 124
5.2.3　机制工程 ·· 125

5.3　糖苷酶工程创新与展望 ·· 126

5.3.1　细胞工厂的优化 ·· 126
5.3.2　酶功能特性的调控 ·· 126
5.3.3　体系构建的展望 ·· 127

5.4　酶热稳定性及机制研究案例 ······································ 128

5.4.1　硫化叶菌嗜热糖苷水解酶 ······································ 128
5.4.2　糖基转移酶 Bs-YjiC ··· 141

参考文献 ·· 155

第1章
生物催化与酶工程综述

1.1 生物催化概论

生物催化是利用酶和生物有机体作为催化剂进行化学转化的过程，是一个综合了生物、化学和过程工程等多学科内容的研究领域。从几千年前酶以发酵液形式用于生产和保存食材，到今天生物催化在有机化学和生物技术中的应用，经历了多次里程碑式的发展[1]。

1858 年，Louis Pasteur 使用青霉菌处理外消旋酒石酸铵溶液，导致酒石酸消耗和对映体富集[2]。1897 年，Eduard Buchner 使用酵母无细胞提取物成功进行糖发酵，证明生物转化过程不需要活性细胞参与，为现代生物催化提供了新途径。20 世纪前半叶，科学家们学会了使用全细胞、细胞提取物或部分纯化的酶进行生物催化。1908 年，Ludwig Rosenthaler 描述了通过苦杏仁酶（含氧腈酶）处理苯甲醛与氰化氢来制备（R）-苯乙醇腈的方法，标志着以酶为基础的不对称催化的开始。另一个奠定现代研究技术基础的是利用类固醇微生物菌种进行立体选择性催化和区域选择性氧化羟基化[3,4]。20 世纪中期，酶分离纯化技术取得进展，促进了底物混杂立体选择性转化。20 世纪 60～80 年代，生物催化方法学迅速发展，酶催化机理与生物合成途径的研究齐头并进，Brian Jones、Klaus Kieslich、Maria-Regina Kula 和 George Whitesides 等课题组在相关领域发表了初步的研究成果，为酶催化的普及作出了重要贡献[5,6]。

20 世纪后半叶，酶作为催化剂在有机合成中受到了广泛关注。2008 年，全球酶市场需求量为 47 亿美元，到 2013 年，这一数值已达到 70 亿美元。据最新数据，2023 年，美国酶市场需求量达到了 35 亿美元，市场主要分布在制药业（30%）、生物燃料（20%）、食品饮料（15%）、研究和生物技术（12%）等领域[7,8]。然而，酶的应用仍面临两大局限：工业应用中酶的供应不足，以及很多酶的底物范围窄、选择性低、稳定性差。自 20 世纪 90 年代以来，定向进化技术的发展解决了这些问题[9]，包括代谢工程在内的酶结构改进（如蛋白质工程、定向进化）、工程方法（如离子液体、临界流体）和物理稳定［如固定化、交联酶聚集体（CLEAs）］技术的发展，使酶在有机合成和生物技术中的应用更加广泛和高效。纳米生物催化被认为是纳米技术和生物技术的融合领域，通过在原子水平上调控分子间相互作用，设计出生物催化剂。作为生物催化载体的三维 DNA 结晶，以及核酸络合催化剂，展示了生物催化在纳米尺度上的巨大潜力[10,11]。近年来，随着计算生物学和人工智能技术的发展，生物催化剂的设计和优化变得更加高效和精准，使生物催化的发展取得了显著进展。

生物催化在健康、食品供应、环境保护和可持续燃料生产方面具有长远的社会影响[12-14]。随着基因工程、分子生物学、发酵技术、生物信息学、纳米技术、材料科学和先进光谱等领域的发展，生物催化在绿色化学和白色生物技术的新纪元中发挥着越来越重要的作用。

1.2　酶工程进展

酶工程是一门通过改造酶的结构和功能来提高其催化性能的科学。酶作为生物催化剂，在许多生物和化学反应中起着关键作用。可以利用酶工程设计和改进酶，使其在不同的实验室和工业应用中表现出更高的效率和选择性。

生物催化利用酶制造有价值的产品。这种绿色技术应用广泛，从实验室规模到工业生产，能够合成复杂的有机分子，减少合成步骤并减少浪费[15,16]。过去十年，定制酶特性的实验和计算工具迅猛发展，使酶工程师能够创造出自然界中不存在的生物催化剂。通过使用化学-酶合成路线或协调复杂的酶级联反应，可以合成复杂的靶标，如 DNA 和复杂药物的合成、由 CO_2 衍生的甲醇在体外制备淀粉等。此外，结合生物催化与过渡金属催化、光催化和电催化，合成了新的化学物质[17]。

通过酶工程，可以实现酶的高效设计和优化，这不仅扩大了生物催化的应用范围，还促进了绿色化学和可持续发展的进程。近年来，生物催化技术在合成复杂有机分子、药物开发以及环境保护等方面展现出了巨大的潜力和前景。

过去五年中，数据驱动工具的快速发展加速了酶在化学、医学和食品技术中的应用。科学家利用酶控制化学反应环境的能力，成功开发了从合成起始材料甚至 CO_2 构建复杂小分子的平台[15]。精确定制的生物催化剂不仅可用于酶级联反应，还可用于开发新的治疗方法，如反义寡核苷酸疗法和生物偶联物治疗。DNA 合成正在通过不依赖模板的末端脱氧核苷酸转移酶技术进行改进，使这一过程更快、更便宜[14]。机器学习在蛋白质结构预测和设计中占据主导地位，并在酶工程中得到应用，改善了对映体选择性、活性和稳定性[17]。

脂肪酶和糖苷酶作为排名前三的商业用酶，在化学、食品加工、生物燃料和生物医药等领域应用广泛。酶工程研究热点中与脂肪酶相关的主要集中在以下三个方面：①通过定向进化和基因编辑技术，提高了脂肪酶的催化效率和特异性，满足工业应用中对高效率和选择性的需求[18,19]；②在生物燃料生产或处理高浓度有机溶剂的过程中，脂肪酶的稳定性至关重要，通过酶结构改造，增强脂肪酶对温度和化学溶剂的耐受性[20]；③通过工程化脂肪酶催化植物油或动物脂肪中的脂肪酸发生酯化反应，用于生物柴油生产，提供环保且可再生的能源解决方案[20,21]。

与糖苷酶相关的研究则聚焦于以下三个方面：①糖苷酶在转化纤维素和木质素方面起关键作用，通过工程化手段改进糖苷酶，可更高效地转化这些复杂多糖，提高生物能源制品的产量并降低成本；②通过改变糖苷酶的活性位点，定向控制其对特定糖类结构的识别和转化，这在特定低聚糖的生产或改善食品质量和功能性方面尤为重要；③糖苷酶用于合成具有特殊营养或药用价值的稀有糖和特殊糖苷，如抗癌食品或预防糖尿病的低血糖指数的食品添加剂[22,23]。

1.3　研究动向与挑战

工程蛋白质和酶在分子生物学、生物技术、生物医学中应用广泛。然而，庞大的蛋白质序列空间及其可能变体对酶工程构成巨大挑战。氨基酸共同进化的非线性效应进一步增加了复杂性。数据驱动模型为科学家提供计算工具，以探索未被发现的蛋白质变体，并揭示序列空间拓扑结构背后的规则和影响。定向进化和理性设计等蛋白质工程方法，结合数据驱动的混合策略，有助于构建理论模型，反思这些策略的有效性。

有研究对过去十年通过数据推断的蛋白质进化规则模型进行了回顾，对有关残基协同进化现象进行探讨，以推断蛋白质进化的规则，并利用这些知识改进对蛋白质结构-功能关系的预测[24]。尤其是基于深度学习模型解释序列空间的非线性现象，Wittmund 等还批判性地评估了现有模型在预测进化耦合和上位效应方面的能力和局限性[25]。

展望未来，生物催化技术将继续受益于数据挖掘、机器学习和 DNA 读取与写入技术的进步。酶的组合设计和新变体的生成将促进数据密集型机器学习算法的训练[26]。定向进化筛选获得的序列功能数据将用于预测和评估变异，以指导下一步的研究方向。

综上所述，未来十年，生物催化技术的研究和应用将在数据驱动的方法和技术进步中实现更大发展。

参考文献

[1]　Reetz M T. Biocatalysis in organic chemistry and biotechnology：Past，present，and

future [J]. Journal of the American Chemical Society, 2013, 135 (34): 12480-12496.

[2] Gal J. The discovery of biological enantioselectivity: Louis Pasteur and the fermentation of tartaric acid, 1857—a review and analysis 150 yr later [J]. Chirality, 2008, 20 (1): 5-19.

[3] Hogg J A. Steroids, the steroid community, and Upjohn in perspective: A profile of innovation [J]. Steroids, 1992, 57 (12): 593-616.

[4] Guengerich F, Munro A. Unusual cytochrome P450 enzymes and reactions [J]. Journal of Biological Chemistry, 2013, 288 (24): 17065-17073.

[5] Whitesides G M, Wong C H. Enzymes as catalysts in synthetic organic chemistry [New Synthetic Methods (53)] [J]. Angewandte Chemie International Edition, 1985, 24 (8): 617-638.

[6] Wong C H, Whitesides G M. Enzymes in synthetic organic chemistry [M]. Tarrytown: Elsevier Science Inc, 1994.

[7] Raj H, Weiner B, Veetil V P, et al. Alteration of the diastereoselectivity of 3-methylaspartate ammonia lyase by using structure-based mutagenesis [J]. ChemBioChem, 2009, 10 (13): 2236-2245.

[8] Ben de Lange, Hyett D J, Maas P J D, et al. Asymmetric synthesis of (S)-2-indolinecarboxylic acid by combining biocatalysis and homogeneous catalysis [J]. ChemCatChem, 2011, 3 (2): 289-292.

[9] Nestl B M, Hammer S C, Nebel B A, et al. New generation of biocatalysts for organic synthesis [J]. Angewandte Chemie International Edition, 2014, 53 (12): 3070-3095.

[10] Anobom C D, Pinheiro A S, De-Andrade R A, et al. From structure to catalysis: recent developments in the biotechnological applications of lipases [J]. Biomed Research International, 2014 (2014): 684506.

[11] Nestl B M, Nebel B A, Hauer B. Recent progress in industrial biocatalysis [J]. Current Opinion in Chemical Biology, 2011, 15 (2): 187-193.

[12] Rosenbaum F P, Müller V. *Moorella thermoacetica*: A promising cytochrome-and quinone-containing acetogenic bacterium as platform for a CO_2-based bioeconomy [J]. Green Carbon, 2023, 1 (1): 2-13.

[13] Wu Y, Paul C E, Hollmann F. Mirror, mirror on the wall, which is the greenest of them all? A critical comparison of chemo-and biocatalytic oxyfunctionalisation reactions [J]. Green Carbon, 2023, 1 (2): 227-241.

[14] Adam O, Amber B, Ashleigh J, et al. Biocatalysis: landmark discoveries and applications in chemical synthesis [J]. Chemical Society Reviews, 2024, 53 (6): 2828-2850.

[15] Kim S, Ga S, Bae H, et al. Multidisciplinary approaches for enzyme biocatalysis in pharmaceuticals: protein engineering, computational biology, and nanoarchitectonics [J]. EES Catalysis, 2024, 2 (1): 14-48.

[16] Buller R, Lutz S, Kazlauskas R J, et al. From nature to industry: Harnessing enzymes for biocatalysis [J]. Science, 2023, 382 (6673): eadh8615.

[17] Markus B, Andreas K, Arkadij K, et al. Accelerating biocatalysis discovery with machine learning: a paradigm shift in enzyme engineering, discovery, and design [J]. ACS catalysis, 2023, 13 (21): 14454-14469.

[18] Kumar A，Verma V，Dubey V K，et al. Industrial applications of fungal lipases：a review [J]. Frontiers in Microbiology，2023，14：1142536.

[19] Cheng W，Nian B. Computer-aided lipase engineering for improving their stability and activity in the food industry：state of the art [J]. Molecules，2023，28（15）：5848-5867.

[20] Xiang X，Zhu E，Xiong D，et al. Improving the thermostability of thermomyces lanuginosus lipase by restricting the flexibility of N-terminus and C-terminus simultaneously via the 25-Loop substitutions [J]. International Journal of Molecular Sciences，2023，24（23）：16562-16575.

[21] Contesini F J，Davanço M G，Borin G P，et al. Advances in recombinant lipases：Production，engineering，immobilization and application in the pharmaceutical industry [J]. Catalysts，2020，10（9）：1032-1064.

[22] Srivastava N，Rathour R，Jha S，et al. Microbial beta glucosidase enzymes：recent advances in biomass conversation for biofuels application [J]. Biomolecules，2019，9（6）：220-229.

[23] Sethupathy S，Morales G M，Li Y，et al. Harnessing microbial wealth for lignocellulose biomass valorization through secretomics：a review [J]. Biotechnology for Biofuels，2021，14（1）：154-184.

[24] Lovelock S L，Crawshaw R，Basler S，et al. The road to fully programmable protein catalysis [J]. Nature，2022，606（7912）：49-58.

[25] Wittmund M，Cadet F，Davari M D. Learning epistasis and residue coevolution patterns：current trends and ruture perspectives for advancing enzyme engineering [J]. ACS Catalysis，2022，12（22）：14243-14263.

[26] Kouba P，Kohout P，Haddadi F，et al. Machine learning-guided protein engineering [J]. ACS catalysis，2023，13（21）：13863-13895.

第2章
脂肪酶传统催化应用

2.1 脂肪酶概述

脂肪酶（EC3.1.1.3）是继蛋白酶、糖苷酶之后的第三大工业用酶，能够在油水界面催化甘油三酯的水解反应。19世纪从细菌中分离出脂肪酶，目前脂肪酶的生产来源主要包括植物、动物以及微生物。很多动物脂肪酶来源于牛、羊、猪等，但是从动物胰腺中提取的脂肪酶纯度较低，难以满足食品工业的高纯度要求，例如猪胰腺脂肪酶（PPL）常因混入微量胰岛素而产生苦味，影响其应用效果。而微生物来源的脂肪酶因其易于分离纯化、生产成本低和表达效率高，更具有工业化发展潜力。脂肪酶因其耐受有机溶剂、底物广谱和高特异性，以及无需辅因子的催化特性，在工业中发挥着重要作用。其易于生产和活化，已广泛应用于食品、精细化工、医药和能源等多个领域。

2.1.1 脂肪酶的基本特性

（1）典型脂肪酶构效特性研究

PPL是成本较低的商业化酶制剂之一，在无水介质的酯化和转酯化反应中表现出高稳定性和活力。PPL适用于以立体选择性和成本为关键指标的合成反应，这推动了其在精细化学品和日用品生产中的研究。Mendes等人[1]讨论了PPL的分离、纯化、结构特点、生化特性及固定化和应用。但是PPL的应用范围较微生物脂肪酶窄，自20世纪80年代以来，微生物脂肪酶的结构分析逐渐深入，了解其结构特征对于设计和工程化生产脂肪酶具有重要意义。表2-1列出了典型脂肪酶的结构特征数据。

表 2-1　典型脂肪酶构效特性

脂肪酶种类	脂肪酶来源	来源类型②	晶体结构	氨基酸残基组成数及分子质量/kDa	特异性
PPL	猪胰腺[1]	哺乳动物 1969	分子体积为 4.6nm×2.6nm×1.1nm	449;52	sn-1,3

脂肪酶种类	脂肪酶来源	来源类型[②]	晶体结构	氨基酸残基组成数及分子质量/kDa	特异性
米根霉脂肪酶	米根霉[2,3]	真菌（胞外酶）1973	第一个被解析的脂肪酶，分辨率为 0.19nm	269;31.6	*sn*-1,3
假单胞菌脂肪酶	假单胞菌[4]	细菌 1993	铜绿假单胞菌，分辨率为 0.29nm	—;30~50	—
CRL	鲁氏接合酵母[5]	真菌（酵母）1962	Lip2 同工酶封闭构象，分辨率为 0.197nm	534;60	非特异性
CAL-B[①]	南极假丝酵母[6]	真菌（酵母）1987	水和有机溶剂模型中，分辨率为 0.1~0.13nm	317;33	*sn*-1,3
MJL	爪哇毛霉[7-9]	真菌 1969	立体结构尚未发布	—;21	*sn*-1,3
Lip2p	解脂耶氏酵母[10]	真菌（酵母）1982	200μm×80μm×50μm 闭合构象，分辨率为 0.17nm	334;38	*sn*-1,3

① CAL-B 没有覆盖活性位点入口的盖子，无界面活化。

② 数字表示首次描述的年份。

注："—"指数据未发布。

① 米根霉脂肪酶：第一个被研究的微生物脂肪酶结构，同丝氨酸蛋白酶一样具有活性位点三联体，可发生界面活化，是晶体研究的良好模板，主要应用于无水溶剂中的酯化反应[2,3]。

② 假单胞菌脂肪酶：其研究和工业应用受到缺乏有效的过量表达和稳定的酶生产方法的限制。为了解决这些问题，研究人员采用铜绿假单胞菌脂肪酶作为模型酶进行研究[4]。

③ 鲁氏接合酵母脂肪酶（CRL）：尽管 CRL 同工酶（Lip1～Lip5）糖基化点和碳水化合物比例不同，但它们的氨基酸序列具有高度同源性（超过 70%）。其中，三种同工酶的晶体数据存储于蛋白质数据库中[5]。Lip1 主要催化线性醇，Lip2、Lip3 更倾向于催化具有空间位阻的醇（图 2-1）。

④ 南极假丝酵母脂肪酶（CAL-A 和 CAL-B）：CAL-A 对支链底物具有独特的催化能力，研究较少。CAL-B 研究较多，固定化形式具有高耐受性，广泛应用于多种有机反应，但其固定化酶制剂如诺维信脂肪酶 435 和奇美酶 L-2 的价格较高，限制了其在聚酯、生物柴油及其他简单酯类生产中的工业化应用[6]。

⑤ 爪哇毛霉脂肪酶（MJL）：研究了不同条件下 MJL 粗酶制剂的稳定性，酶的 pH 稳定性数据表明，三种形式的质子化状态拟合度较高，pK_a 值分别为 6.2 和 11.3，且只有中间体形式在实验观测时间内是稳定的[7,8]。通过假设的失活和重排反应的平行步骤可以很好地拟合热稳定性数据，活化能分别为 228.8kJ/mol 和 221.7kJ/mol。需注意，商业化 MJL 制剂中含有一些催化性杂

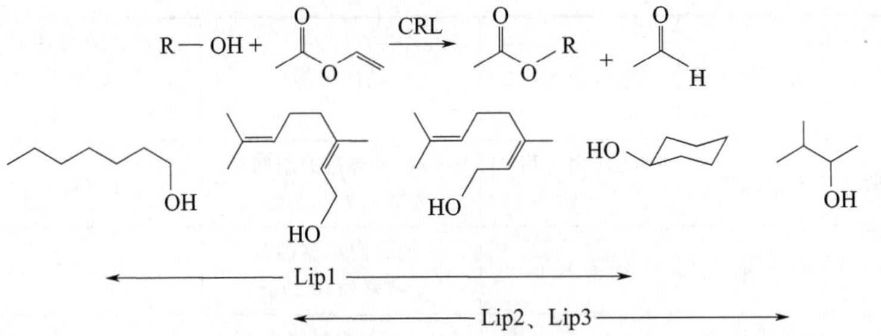

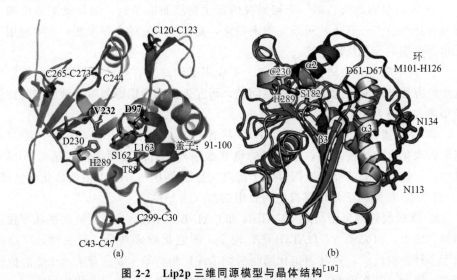

图 2-1　乙酸乙烯酯作为转酯化反应酰基供体表征不同 CRL 同工酶性质[5]

质酶，如蛋白酶，可能影响酶的稳定性和特异性[9]。与常用的米根霉脂肪酶和 CAL-B 相比，仅提供 MJL 游离酶，可能限制其更广泛的应用。

⑥ 解脂耶氏酵母脂肪酶（Lip2p）：Lip2p 的晶体结构显示其活性位点由盖子覆盖。Lip2p 的三维模型基于高度相似的 X 射线结构同源模型建立，见图 2-2 (a)。晶体结构确认了典型的 α/β 水解酶折叠结构和四个二硫键（Cys30-Cys299、Cys43-Cys47、Cys120-Cys123、Cys265-Cys273），并在 N113 和 N134 位置发现了糖基化位点，见图 2-2(b)。分子动力学（MD）模拟表明，Lip2p 在水/辛烷界面吸附后部分打开，随后与底物结合完全打开，形成活性酶构象[10]。

图 2-2　Lip2p 三维同源模型与晶体结构[10]

（2）Lip2p 研究概况

Brígida 等人综述了工业生物催化剂 Lip2p 的生产、表征及应用[11]。解脂耶氏酵母有 16 个编码脂肪酶的同源基因，其中 Lip1p、Lip3p 和 Lip6p 是胞内酶，Lip2p 是胞外酶，Lip7p 和 Lip8p 是细胞结合酶。Lip2p 是主要的胞外脂肪酶。虽然解脂耶氏酵母在生物技术领域具有潜力，但其工业生产并不广泛，只有天野酶制品公司生产该酶。商业化面临的挑战包括野生菌株提取物中杂质多、酶稳定性差（高于 40℃时不稳定）。基因突变可有效解决这些问题，如甲磺酸甲酯和紫外线处理提高脂肪酶产量[12]。

在某些应用中，粗酶提取物中的杂质不会污染最终产品，如废水处理和动物饲料工业。然而，在香料生产、药物制造以及多不饱和脂肪酸的工业化合成中，需要使用纯化的酶制剂。脂肪酶的纯化方法包括沉淀、凝胶过滤色谱、离子交换色谱、亲和色谱、反胶束萃取、双水相萃取和膜分离技术。最常用的是离子交换色谱和亲和色谱法，如 DEAE-Sephadex 凝胶、Q-sepharose 和丁基琼脂糖凝胶。Ni-NTA 亲和色谱则用于 Lip7p 和 Lip8p 的纯化。超滤技术常用于浓缩提取物，如 300kDa 超滤膜可将粗酶提取物浓度提升至原来的 3.47 倍，收率为 86.6%。

因稳定性高、可重复使用和易于下游处理等优势，Lip2p 常通过物理吸附、共价结合、包埋、吸附等方法基于碳纳米管进行固定化。天野 N-AP 脂肪酶在多个领域表现出显著优势，如疏水底物利用、纳米颗粒生物合成和特殊酯合成。Fickers 等人回顾了 Lip2p 在基因特性、生产工艺、调控机制、生物化学表征和生物技术应用方面的研究，指出了该酶在不同应用中的潜力和挑战[13]。

在酶热稳定性提升、色谱纯化工艺和固定化技术方面，北京化工大学谭天伟课题组进行了系统性研究。例如，通过氨基硅油疏水整理实现了界面活化，显著提高了酶活性[14]。孟永宏建立了酶法生产生物柴油的工业化工艺，奠定了工业化基础[15]。2007 年在上海，固定化 Lip2p 被用于 10000t 的生物柴油生产线，展示了该酶在大规模工业生产中的应用潜力[16]。然而，兼顾酶活性和稳定性的固定化技术仍需进一步开发。未来的研究可以集中在优化固定化方法、提高酶的使用寿命和催化效率，以及探索新的固定化材料和技术方面，以满足工业生产的需求。

综上所述，固定化酶在各种工业应用中展现了广泛的应用前景。虽然已有许多研究进展，但仍需进一步探索和优化，以充分发挥其在工业生产中的潜力。

2.1.2 脂肪酶的应用领域

脂肪酶在油水界面催化酯水解、酯化和转酯化反应中应用广泛（表 2-2）。水解反应中，脂肪酶催化脂肪酸侧链与甘油酯的水解，生成甘油和脂肪酸；酯化反应中，脂肪酸与醇反应生成酯，副产物为水；转酯化过程中，脂肪酶催化醇解、酸解或酯交换反应，生成相应的醇、酸或酯。因此，脂肪酶在有机溶剂中能够催化酯化和水解反应，适用于多种有机合成。

由于其广泛的催化能力，脂肪酶在多个工业领域得到应用，包括食品的加工，精细化学品和药品的合成，洗涤剂和脱脂配方的制造，生物传感器、纸浆和纸张的生产，以及化妆品和纺织品加工等[17]。以下基于食品加工和生物炼制介绍微生物脂肪酶的潜在应用。

表 2-2　水解、酯化、转酯化反应图示

反应类型	化学方程式
水解（水性介质）	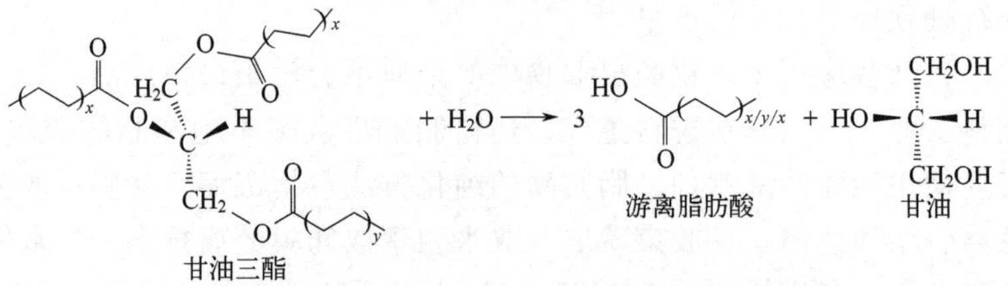
酯化（有机介质）	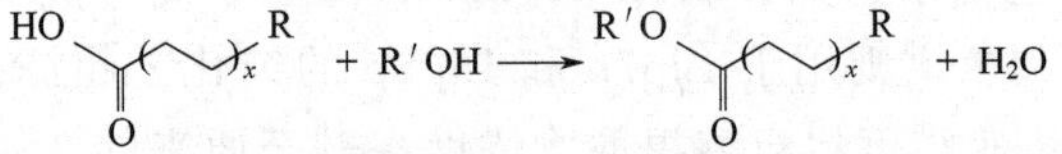
转酯化（有机介质） 酸解	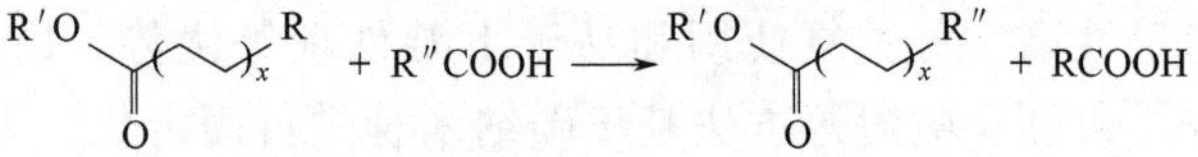
转酯化（有机介质） 醇解	
转酯化（有机介质） 酯交换	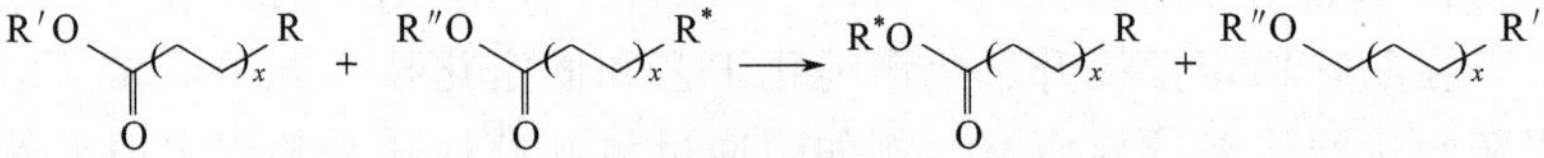

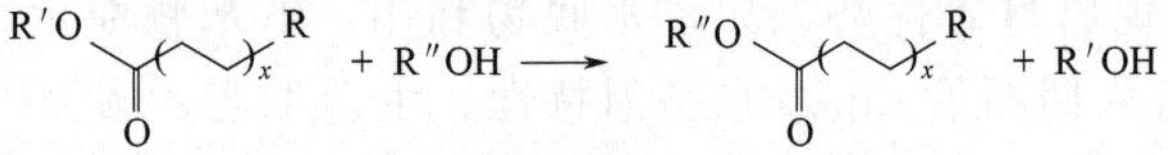

（1）食品加工

在食品工业中，微生物脂肪酶广泛应用于多种加工过程，显著改善食品的风味、质地和营养价值。脂肪酶在乳制品加工、烘焙、食品脱脂、蛋白质分离及生物活性成分提取等领域前景广阔[18]。例如，在乳制品加工中，脂肪酶用于奶酪和黄油的生产，通过分解乳脂提升口感和风味；在烘焙工业中，脂肪酶能改善面团的柔软度和延展性，提高烘焙产品的质量并延长保质期；在食品脱脂和蛋白质分离过程中，脂肪酶帮助去除脂类杂质，提高产品纯度和营养价值。此外，脂肪酶还用于提取食品中的多酚、维生素和抗氧化剂等生物活性成分。

然而，脂肪酶在食品工业中的应用面临一些挑战[19]：首先，酶的稳定性和重复使用性有限，尤其在高温、高压、高酸碱度或高盐环境中，其催化效率可能会下降；其次，脂肪酶的成本较高，尤其是高纯度和专一性酶制剂，这在大规模工业应用中增加了生产成本；此外，酶的固定化和回收技术需进一步优化，以提高酶的利用率和经济性；最后，脂肪酶在不同食品基质中的活性和效果可能存在差异，需要针对具体应用进行调整和优化。为解决这些问题，可以采用多种策略：通过固定化技术将酶固定在海藻酸钠、壳聚糖或纳米材料上，提高其稳定性和重复使用率；优化反应条件，如 pH 值和温度，以增强催化性能；利用基因工程或蛋白质工程改造酶，提高其在特定条件下的耐受性和催化效率；结合多酶协同催化，提升整体催化效率，减少副产物对酶活性的影响。此外，通过工艺模拟与优化及开发连续化生产技术，可以提高酶催化反应的工业应用可行性。基于微生物脂肪酶的催化机制研究和应用策略优化，可以提升其在食品工业中的应用效果，推动相关产业的可持续发展。

（2）生物炼制

微生物脂肪酶在生物炼制领域表现出显著的应用潜力，尤其是在生物柴油的生产中。通过脂肪酶的催化作用，可以高效地将生物质中的油脂转化为高附加值的生物柴油和其他生物基化学品。脂肪酶催化反应条件温和，具有较高的选择性和效率，能够显著提高生物炼制过程的经济性和环境友好性[18]。例如，利用脂肪酶进行油脂的水解和酯交换反应，不仅可以高效生产生物柴油，还能减少副产物的生成。

生物柴油是由动植物油脂与短链醇（如甲醇或乙醇）进行酯交换反应制备的，主要生产地区包括西欧、北美和亚洲，但市场逐渐向全球转移。近年来，欧洲的市场份额有所下降，而北美和亚洲的生物柴油生产快速增长，尤其是中国和美国在生物柴油生产和消费方面取得了显著进展[14]。生物柴油环保、可再生，且使用性能优良，具有重要价值。

目前，生物柴油主要通过高温酸碱催化化学法生产，但存在过程烦琐、能耗高、醇消耗大、成品颜色暗、回收难等问题。研究人员正在探索温和条件下的酶法合成，以解决这些问题。然而，酶对短链醇（如甲醇、乙醇）参与的酯化或转酯化反应的效率低，易受甘油等副产物影响（活性和寿命），且酶成本高是主要阻碍。为此，研究人员提出了多种改进策略，包括优化酶的预处理和反应条件，开发耐受短链醇的酶，以及改进反应体系，以减少副产物对酶活性的影响。此外，如同食品加工领域，生物炼制中也可以通过固定化技术、酶分子改造和多酶协同催化等方法提升脂肪酶的应用效果。

未来的研究可以进一步开发新型固定化材料和方法，利用多酶协同催化提高底物转化率，降低酶的生产成本，并优化工艺，从而实现工业规模生产[20]。

2.2 脂肪酶固定化技术

为解决天然游离酶不稳定、纯化复杂和催化产品分离困难的问题，理想的工业用酶应如固定化化学催化剂一样，能高效催化、易于回收和重复使用，实现连续自动化生产。理想的生物催化剂应在一定相态中固定，且仍能催化底物和效应物的反应。

脂肪酶载体的选择应基于工业应用要求，如机械强度、耐磨性、热稳定性、化学持久性、化学功能、疏水/亲水特性、再生能力、装载能力和成本等。常用的固定化材料包括膜材料，纤维，丝状、颗粒和粉末载体，其中颗粒载体和膜材料应用最广泛[21]。固定化策略基于催化过程特性，需要考虑整体酶活性、脂肪酶利用效率、失活和再生特性、固定化成本、毒性和预期的固定化酶特性等因素。

2.2.1 固定化材料及方法

（1）无机载体材料

无机载体具有高化学耐受性，但在弹性和传质方面存在限制。新型无机功能材料如水滑石类化合物（LDHs）具有层状结构，其层板化学组成影响离子特性和插层结构。例如，$Mg_6Al_2(CO_3)(OH)_{16} \cdot 4H_2O$ 是典型的镁铝碳酸根型水滑石。通过物理吸附法将酿酒酵母脂肪酶固定于镁铝比例为 4 的水滑石上，固定化酶在较宽的温度和 pH 范围内稳定，且可维持 10 批次，酯转化率高于 81.3%。节杆菌脂肪酶固定于廉价硅藻土材料表面，不同官能团的接枝进一步提高了其活性和稳定性[22]。在所有固定化方法中，脂肪酶在十二烷基改性载体上的界面吸附表现出最高的活性和稳定性（图 2-3）[23]，酶聚集包覆法产生的脂肪酶活性是游离酶的 8.5 倍，10 批次操作后仍保留 85% 的初始活性。

有序介孔氧化硅（ordered mesoporous silica，OMS）的酶固定化方法包括

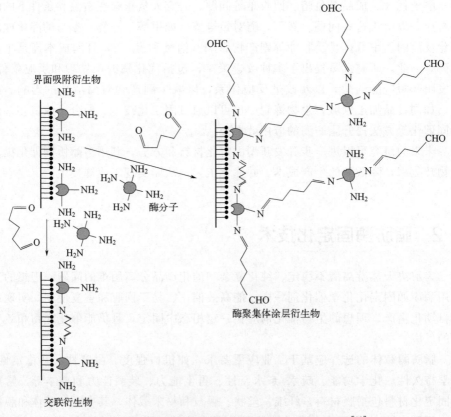

图 2-3　基于界面吸附的酶聚合涂层及其交联衍生物[23]

吸附和共价固定化。单独吸附不能解决酶脱落问题，而共价固定化通过酶残基（—NH₂、—CO₂、—SH）与功能化表面硅烷醇的反应解决了这一问题（图 2-4）[23]。以下是膜或静电纺丝纤维内酶固定化的例子。

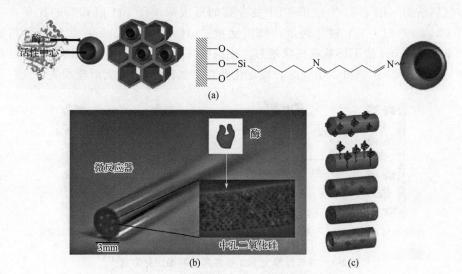

图 2-4　有序硅介孔材料固定化方法图示[23]
(a) 吸附、共价固定化；(b) 介孔硅微反应器；(c) 酶在聚合纤维上的吸附、共价固定化、包埋以及多孔、中空纤维固定化

① 在微反应器器壁上涂覆介孔硅薄膜：直径 200μm、长 20cm 的微细管被 SBA-16 前体溶液填充，在 70℃下反应 8h，然后在 440℃下煅烧 4h，得到厚度为 120nm 的有序 3D 孔膜（直径约 8nm）。脂肪酶通过吸附固定在 SBA-16 膜内，在连续流动体系中进行水解反应测试。

② 静电纺丝纳米纤维：可分为纯 OMS 材料纤维或无机物与聚合物复合纤维，这些纤维具有可调的尺寸、形貌以及可变组分，作为酶固定化载体具有显著优势。

(2) 有机聚合物膜材料

尽管有机载体对介质不稳定，但由于其低廉的价格和多样的功能性基团，应用较为广泛[24]。在聚合物球、粉末、泡沫和膜等形式中，膜因其大比表面积和良好的机械强度而更具吸引力。孔隙结构有助于脂肪酶固定化，最小化扩散限制，使底物更易接触脂肪酶。表面功能基团可通过定制技术进行共价固定。无孔膜或有孔膜通过扩散传质。

通过层层自组装技术（LBL）在棉布上固定脂肪酶，如疏棉状嗜热丝孢菌脂肪酶在多层聚乙烯亚胺（PEI）处理的棉布上实现固定化。相比通过交替添加聚合物和酶的经典 LBL 技术，优化方法通过 PEI 处理棉布纤维，使酶形成复合物/

聚集体，在第 5 层时结合更多酶（$13U/cm^2$ vs.$10.2U/cm^2$）。酶分子在疏水表面接触并聚集，这一现象表明该改性技术在酶固定化方面具有潜力。棉布纤维包覆 0.2％PEI，CAL-A 和疏棉状嗜热丝孢菌通过吸附和戊二醛交联法固定，形成多层脂肪酶（图 2-5）[25]。酶-PEI 复合物的形成取决于 pH 值和酶的比例，在（1∶40）～（1∶20）时达到最高酶沉淀量。pH＜8 时，CAL-A 脂肪酶不形成聚集体，而 pH 值不影响疏棉状嗜热丝孢菌脂肪酶复合物的形成。该方法固定化量分别为 180mg/g 和 200mg/g，固定化酶在室温存储 28 天无活性损失。

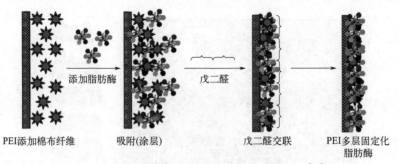

添加脂肪酶　　戊二醛

PEI添加棉布纤维　　吸附(涂层)　　戊二醛交联　　PEI多层固定化
脂肪酶

图 2-5　棉布纤维上 PEI 多层脂肪酶固定化方法[25]

通过浸泡使含阳离子或氨基的亲水性聚合物吸附在含阴离子活性中心的聚合物膜上，再用酶制剂处理制备固定化酶膜[26]。己二胺功能化壳聚糖在戊二醛活化后能够与 CRL 结合并实现固定化[27]。通过豆油预处理和适度交联将 CRL 共价固定于 β-环糊精基聚合物载体上，提高了固定化酶膜的稳定性[28]。通过赖氨酸残基将酶固定在多孔膜上，催化膜不仅具备分子识别功能，还增强了固定化酶的柔性并提供了类似天然微环境，避免传统氨基酸无序固定化造成的酶活性损失[29]。

（3）纳米磁性复合材料

基于磁铁矿（Fe_3O_4）和磁赤铁矿（$\gamma\text{-}Fe_2O_3$）的超磁性纳米颗粒作为酶载体，因其高比表面积、优异的移动性和传质性能，以及易于通过外磁场回收的特性，近年来得到广泛应用（图 2-6）[30]。这类方法不仅高效且绿色环保，具有良好的环境适应性，并通过连续回收延长了生物催化剂的使用寿命。一些酶和生物分子（包括抗体、脂肪酶、酯酶等）已成功固定于磁性纳米颗粒上。

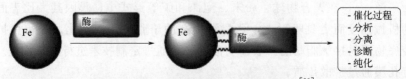

- 催化过程
- 分析
- 分离
- 诊断
- 纯化

图 2-6　超磁性纳米颗粒用于酶的固定化[30]

通过共聚不同摩尔分数的单体（醋酸乙烯酯、丙烯酰胺、丙烯酸）制备了一系列亲疏水表面不同的羧基磁球（平均直径为 400nm），并通过物理吸附及共价结合固定酶（图 2-7）[31]。结果表明，疏水表面有利于得到更高的固定化效率，而适度亲疏水表面有利于酶活性回收。图 2-8 表明，对于脂肪酶而言，疏水载体可通过界面活化诱导酶分子形成活性构象，而载体亲水则保证了酶在水相中才能维持催化活性。

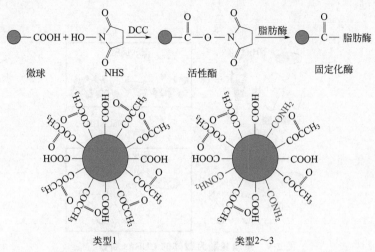

图 2-7　磁性材料微球表面结构及与脂肪酶的交联反应过程示意图[31]

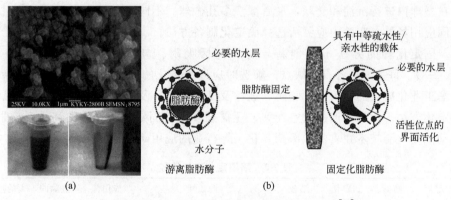

图 2-8　磁性微球及其在脂肪酶固定化中的应用[31]

（a）磁性微球扫描电子显微镜（SEM）、水相分散及外磁场分离图像；（b）脂肪酶在疏/亲水载体固定化

（4）交联酶聚集体

交联酶聚集体（CLEAs）是继交联溶解酶（CLEs）和交联酶晶体（CLECs）后发展的一种无载体固定化方法。CLEAs 通过添加盐、有机溶剂、非离子聚合物或酸促使酶聚集和沉淀，然后进行交联。每一步骤的优化旨在最大化酶活性回收率，所得 CLEAs 在有机相中通常表现出极高的活力。添加剂如 PEI 和硫酸葡聚糖可调控酶聚集行为并影响活性，牛血清蛋白则通过提供更多交联位

点以减少酶活性损失。聚赖氨酸混合 CLEAs 的制备如图 2-9 所示，将聚赖氨酸与脂肪酶、交联剂混合，在固定化过程中作为赖氨酸供体，和酶蛋白中的赖氨酸一起与戊二醛交联，从而减少化学交联对蛋白质活性构象的改变[32]。加入还原剂可将席夫碱键（Schiff base bond）还原为稳定的氨基，稳定交联聚集体中蛋白质间的价键。

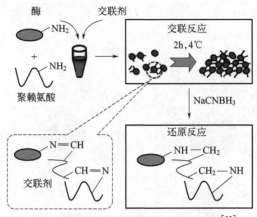

图 2-9　聚赖氨酸为载体的 CLEAs 制备[32]

通过载体解决 CLEAs 回收困难的问题，例如，将酶固定在多孔微球中，然后在微球内进行沉淀和交联，最后漂洗多孔微球。不同固定化方法的组合适用于不同应用场景，实验中应灵活选择固定化制备方法。

固定化酶的方法不断创新，主要包括吸附、包埋、交联和共价结合等（表 2-3），每种方法各有优缺点。筛选时应以固定化酶的操作稳定性为主，综合考虑工业化放大的相关成本（酶、载体及试剂费用）及技术可行性，以确定最终固定化方法。为提高产品时空产率，还需开发配备固定化酶相应的高效反应器，推动固定化酶技术在食品、医药、化工等行业的应用研究。

表 2-3　酶固定化方法比较

固定化方法	制备难易	固定化成本	结合程度	酶泄漏	酶活性回收率	再生	应用普遍性	对底物的专一性	大的扩散阻力
离子吸附	易	低	中等	是	高	可能	高	不变	无
物理吸附	易	低	弱	是	高,但酶易流失	可能	低	不变	无
包埋法	较难	低	强	无	高	不可能	高	不变	有
交联法	较难	中等	强	无	中等	不可能	低	可变	无
共价法	难	高	强	无	低	不可能	中	可变	无

2.2.2 固定化效果评估

固定化会改变酶的结构和特性，包括酶活性、特异性或选择性。有时这些改变是积极的，例如，脂肪酶在疏水载体上固定化时，界面活化可提高其稳定性和活性。然而，这些改善可能只是某些反应中酶特性的随机变化。因此，制备一系列生物催化剂并与游离酶对比是筛选更优固定化酶的关键。游离酶的聚集会显著降低酶活性，而固定化可以使酶分散在载体表面，减少聚集。同时，固定化能在苛刻条件下保持酶的稳定性，防止活性降低。固定化酶载体主要是多孔载体，扩散（如 pH、底物或产物梯度）和分配（如底物或产物的传质分配）等效应显著影响酶的性能。

酶在不同构象下表现出不同的活性和稳定性。多聚酶可能以聚集程度不同、催化活性各异的形式存在。而广为熟知的是，脂肪酶以"打开"和"闭合"两种构象存在。在水相中两种构象形成动态平衡，且其活性中心被"盖子"（聚合肽链）从反应介质中隔开；"闭合"构象是指其活性位点部分或完全被折叠或隐藏，从而失去催化活性；而当天然底物油脂滴等疏水界面存在时，"盖子"打开，活性中心暴露于介质，成为"打开"的活性构象。"打开"构象的脂肪酶其大疏水口袋（盖子和活性中心周围区域的界面）吸附于暴露的疏水界面（图 2-10），即脂肪酶的界面活化是稳定其活性构象的一种途径。

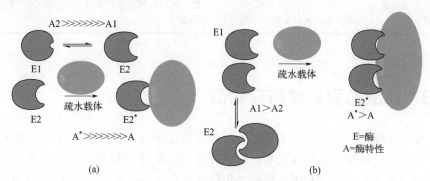

图 2-10　疏水载体界面活化固定化脂肪酶

（a）界面活化诱导的脂肪酶活性构象固定；（b）疏水载体固定化对脂肪酶聚集体的分散及活性构象稳定[32]

工业应用中更倾向于化学和机械性质稳定的固定化载体。固定化的主要影响因素包括载体性质、脂肪酶来源以及固定化过程中的条件（如 pH、温度、脂肪酶浓度等）。脂肪酶固定化可通过直接方法（显微图像观察、X 射线衍射、毛细管流动分析、接触角测量、水润湿率测定）或间接方法［劳里法（Lowry method）或考马斯亮蓝法（Bradford 法）、模型化合物活性测定］进行分析。固定化对脂肪酶性质的影响需考察反应参数（pH、温度）、稳定性（pH、热）和动力学参数（K_m 和 V_{max}）。酶构象及与载体作用力的分析可借助原子力显微镜（AFM）、圆二色性（CD）等表征方法。如表 2-4 所示，Carlsson 等人[33] 总结了介孔材料酶固定化的结构变化、蛋白质-表面及蛋白质-蛋白质相互作用的研究方法，这些方法同样适用于一般材料脂肪酶固定化的表征和研究。

表 2-4　介孔材料酶固定化的结构变化、蛋白质-表面及蛋白质-蛋白质相互作用研究方法[33]

研究属性	方法	所提取的信息类型
构象变化	CD；傅里叶变换红外光谱（FTIR）	二级结构元素组分变化的定量信息
	色氨酸荧光光谱法	以较低定性分辨率检测酶分子构象变化
	分子动力学（MD）	不同条件下的三级结构预测、对支撑表面吸附的建模以及通过计算表面电势预测酶取向
	电子顺磁共振；共振拉曼光谱（RRS）	获取金属离子自旋态和与血红素基团相互作用的振动能信息，关联酶结构和活性变化
蛋白质-表面相互作用	FTIR	检测酶和支撑表面之间不同类型化学键的形成情况
	魔角旋转核磁共振技术（MAS NMR）	获取吸附于表面小分子的动力学行为信息
	MD	测定吸附态的蛋白质分子的键长和键角数据
	X 射线电子能谱（XPS）	作为 FTIR 补充手段，测定表面化学成分
蛋白质-蛋白质相互作用	荧光共振能量转移；生物发光共振能量转移（BRET）	测定蛋白质与孔壁间距以及孔内酶分子排列取向信息

2.3　油酸乙酯合成研究案例

在可持续化学生产中，生物催化剂的应用显著提高了反应的效率和选择性。脂肪酶作为一种高效生物催化剂，被广泛应用于酯化、酯交换和转酯化反应中。在生物柴油的生产中，利用脂肪酶催化低价油料（如废油和不可食用油）的酯化反应，能够有效降低生产成本，并提高资源利用率。本案例通过研究油酸乙酯的脂肪酶催化合成，探讨了脂肪酶固定化工艺的创新以及固定化酶的特性表征。

首先，介绍了利用低价油酯化制备油酸乙酯的方法，阐述了利用脂肪酶催化反应的优势和酯化合成的机理。其次，重点讨论了脂肪酶固定化工艺的创新，分析了基于纺织纤维和无纺布的固定化方法，并确定了通过疏水改性载体及其固定化酶提高酶活性的新工艺。接着，通过固定化酶的特性表征，评估了不同固定化方法的效果，为进一步优化固定化工艺提供了理论依据。此外，探讨了在无溶剂条件下进行油酸乙酯化反应的催化效果，展示了无溶剂体系的优势。最后，研究了脂肪酶在其他酯化反应中的应用潜力，进一步提升了其在有机合成中的价值。

上述研究，不仅展示出脂肪酶在油酸乙酯合成中的应用潜力，还为生物柴油生产领域的酶催化技术开拓了新思路、提供了新方法。

2.3.1 低价油酯化制备油酸乙酯生物柴油

在利用脂肪酶催化废油等低价油原料的酯化过程中，高活性、热稳定以及抗抑制的新型工程脂肪酶的应用，有助于降低酶催化成本。由植物油或动物油脂转化产生的脂肪酸甲酯和乙酯可作为生物柴油，具有广阔的应用前景。不可食用油、回收废油和植物油提炼副产品中含有大量游离脂肪酸（FFAs），在生物柴油的酯化生产中具有重要意义。表 2-5 列出了脂肪酶催化油酸与乙醇酯化合成油酸乙酯（生物柴油组分）的实例，并涵盖了相关动力学研究。

表 2-5 脂肪酶催化油酸乙酯合成示例

$$CH_3(CH_2)_6CH_2CH=CHCH_2(CH_2)_6COOH + CH_3CH_2OH \overset{催化剂}{\rightleftharpoons}$$

$$CH_3(CH_2)_6CH_2CH=CHCH_2(CH_2)_6\overset{O}{\overset{\|}{C}}-OCH_2CH_3 + H_2O$$

催化剂	溶剂	温度/℃	产率	动力学
氨基磷酸树脂 D418[34]	无溶剂	115	92.02%/10h	伪齐次模型
PA/NaY（PA=有机膦酸）[35]	无溶剂	105	79.51%/7h	拟齐次二阶模型
双功能催化剂脂肪酶/有机膦酸功能化二氧化硅（SG-T-P-LS）[36]	无溶剂	28.6	89.94%/10h	—
固定在疏水性载体 Accurel MP 1000 上的米根霉重组脂肪酶[37]	己烷	30	79%/30min	—
游离或固定的（Accurel EP700）米黑根毛霉脂肪酶[38]	双相系统（添加缓冲溶液）	30	—	米氏（Michaelis-Menten）动力学（三元络合物机理）
固定化南极假丝酵母脂肪酶 B（Novozym 435）[39]	异辛烷	60	—	乙醇抑制的乒乓 Bi-Bi 机制
猪胰腺脂肪酶[40]	不同疏水性的有机溶剂	30	—	乒乓 Bi-Bi 机制
				具有乙醇抑制作用
米黑根毛霉[41]的固定化（大孔阴离子树脂 DuoliteA568）脂肪酶	己烷/无溶剂	40	—	具有乙醇抑制作用的乒乓 Bi-Bi 机制，证明无溶剂效果几乎与正己烷一样

CRL 和 CAL-B 脂肪酶催化油酸和乙醇酯化的 MD 模型包含隧道、催化三联体和氧离子洞，展示了油酸在氢键网络中的吸附、酰基酶中间体的稳定以及丝氨

酸羟基的再生。脂肪酶催化酯化反应的乒乓 Bi-Bi 动力学模型用于解释 CRL 催化油酸乙酯合成的机理（图 2-11）[42]。CAL-B 脂肪酶活性三联体中的谷氨酸被天冬氨酸代替。四面体中间体与羰基模型的氧一起形成醇盐（−1 电荷），四面体中间体丝氨酸氧被认为是氧正离子（＋1 电荷，三配位氧正离子）。在脂肪酶活性位点组氨酸和丝氨酸之间存在一分子水，且每次酯化产生的水分子位于催化三联体附近。

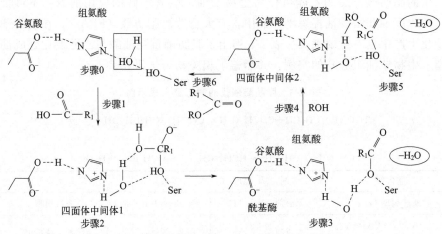

图 2-11　CRL 催化油酸乙酯合成的乒乓机制[42]

2.3.2　脂肪酶固定化工艺创新

在可持续化学生产中，酶固定化扮演着重要角色。固定化过程可以提高酶的稳定性和活性，从而减少能源消耗和降低环境影响。目前主要的固定化策略包括吸附、共价结合和包埋，以满足大规模应用中易回收、连续操作和产物纯化的需求。而每种方法都有其独特的优缺点：传统吸附方法操作简单，但容易发生脱附问题；共价结合方法稳定性较高，但常引起酶结构变化；包埋方法能保护酶免受环境影响，但操作复杂、条件苛刻，可能影响酶的活性和反应速率。

纺织纤维材料可用于酶固定化，与孔状材料相比，其具有比表面积大、机械性能好、化学性质稳定、对底物或产物扩散阻力低等特点。基于膜状载体的固定化方法包括预吸附、共价交联及疏水处理[14,43,44]。无纺布因其耐酸、耐碱、轻薄和廉价等特点，常用于支撑静电纺丝形成的平片膜。聚酯、尼龙无纺布已用于敏感皮肤区域、难愈合伤病、昂贵文件和油画表面的轻柔处理。此外，它们还可用于 β-半乳糖苷酶、α-淀粉酶和热带念珠菌等的固定化。但目前还没有关于无纺布对脂肪酶固定化的系统研究报道。廉价载体（如聚氨酯海绵，属于有机泡沫材料）可用于固定化酶（或细胞），其具有比表面积大、比活性高、产品形态多样化、兼具水溶性和油溶性等特点，可利用表面苯环 π-π 共轭作用直接吸附蛋白质，并通过表面疏水基团增强结合稳定性，有利于维持酶活性构象及底物传质，且固定化酶可通过简单过滤或离心实现高效回收。

脂解酶的油水界面催化过程包括两个主要方面：界面吸附和严格意义上的催化。基于"界面活化"概念，将脂肪酶选择性吸附于疏水载体表面被证明是提高固定化酶活性和稳定性的有效方法。酶活性位点附近的疏水区域与载体表面的强疏水作用，稳定了酶的打开构象，从而提高固定化酶的活性和稳定性。氨基改性聚二甲基硅氧烷（PDMS）处理的绵绸载体用于脂肪酶固定化，表现出优异的水解和酯化活性[14,45]。

为满足生物催化剂在长时间内稳定、连续使用的技术和经济要求，过程简化和成本效益是酶固定化技术工业化应用的关键。本案例以自制固定化假丝酵母脂肪酶发酵液为初始物，考察无纺布吸附法制备固定化脂肪酶的基本工艺。选择黏胶、聚丙烯、聚酯等无纺布，用不同预处理方法（共吸附、疏水整理、共价交联和壳聚糖涂层交联）处理后进行脂肪酶的固定化。同时，初步探究了基于廉价载体聚氨酯海绵和纳米颗粒的壳聚糖絮凝沉淀和吸附的酶固定化方法。

(1) 固定化方法评估

为了提高脂肪酶的催化效率和稳定性，研究并评估了多种酶固定化方法。通过显微图像分析、红外光谱、X射线元素分析、接触角测定和酶活性测定等技术，系统评估不同固定化方法对酶结构、活性以及稳定性的影响。筛选出了以廉价黏胶纤维无纺布为载体、经疏水整理的酶固定化方法，并优化了固定化工艺，初步考察了两种常见载体（廉价普通聚氨酯海绵和理论研究型两亲高分子包覆 Fe_3O_4 纳米复合球）。酯化催化结果表明，这些固定化酶在反应中能够获得理想的单批转化率和操作稳定性。

① 直接吸附法固定化酶的制备：纤维载体的脂肪酶固定化包括用去离子水浸润后干燥，再用整理剂处理，并与脂肪酶粉在磷酸盐缓冲液中混合。聚氨酯海绵和壳聚糖的固定化过程则包括海绵吸附酶液、壳聚糖交联等步骤。两亲高分子包覆的 Fe_3O_4 纳米复合球固定化则涉及 Tris-HCl 缓冲液中与酶液的吸附。

② 活性测定：脂肪酶的水解活性和酯化活性采用特定条件下的碱滴定法测定。无溶剂油酸与乙醇的反应通过单次反应和批次反应的对比测定比较。

③ 形貌及光谱表征：区别于绵绸，无纺布不经纺织，例如，聚丙烯（PP）纤维由黏合剂黏合在一起（图 2-12）。同绵绸载体一样，脂肪酶被固定在黏胶纤维间的缝隙中（图 2-13）。

通过红外光谱分析，确定了每种载体纤维的化学成分（图 2-14）。绵绸在 $3278.6cm^{-1}$ 处的宽峰与—NH—键有关，而在 $1624.0cm^{-1}$、$1512.2cm^{-1}$ 和 $1228.0cm^{-1}$ 处的强峰分别对应—CONH—（酰胺Ⅰ）、酰胺Ⅱ和 C—N（酰胺Ⅲ）伸缩峰。黏胶纤维的主要成分纤维素在 $1367.9cm^{-1}$、$1021.6cm^{-1}$、$894.8cm^{-1}$、$3297.7cm^{-1}$ 和 $2896.6cm^{-1}$ 处显示吸收峰。无纺布 PP 纤维在 $2952.8cm^{-1}$、

2872.6cm^{-1} 和 1375.6cm^{-1} 处有甲基振动峰。聚酯纤维在 3000cm^{-1} 附近及 900～650cm^{-1} 分别显示苯环 C—H 伸缩和平面弯曲振动，在 1650～1450cm^{-1} 处显示苯环骨架振动，而 1715.0cm^{-1} 和 1246.0cm^{-1} 处的吸收峰表示由苯基共轭引起的酯羰基伸缩和不对称振动。红外光谱图表征了用于固定化的载体的功能基团（表 2-6）。

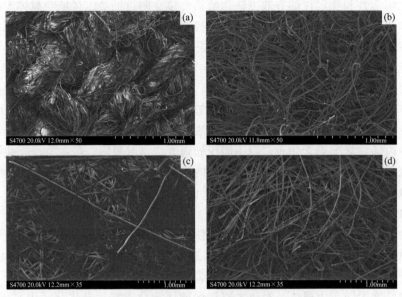

图 2-12 载体材料的扫描电镜图（放大 50 倍）

（a）绵绸；（b）黏胶纤维；（c）聚丙烯（PP）纤维；（d）聚酯纤维载体

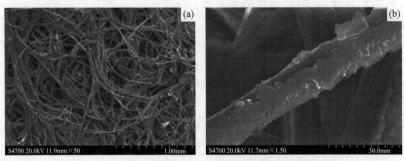

图 2-13 黏胶载体固定化酶的扫描电镜图（负载酶蛋白）

（a）放大 50 倍；（b）放大 1500 倍

表 2-6 原始纤维载体的功能基团和比表面积

纤维类型	分子结构	主要功能基团	比表面积/(m^2/g)
绵绸（蛋白质纤维）	NH$_2$—CH—C(=O)—NH—CH—C(=O)—NH···CH—COOH （R$_1$、R$_2$、R$_n$）	氨基/羧基/酰氨基	0.216

纤维类型	分子结构	主要功能基团	比表面积 /(m²/g)
黏胶 (纤维素纤维)		羟基	0.350
聚丙烯		甲基	0.245
聚酯		酯基	0.395

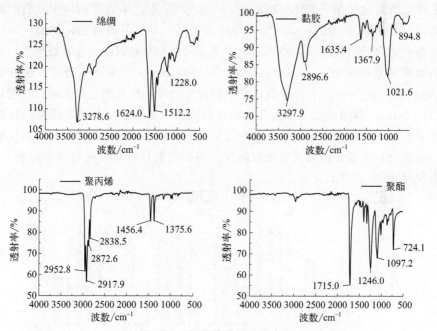

图 2-14　纤维载体的红外光谱

④ 固定化酶催化性能。

表 2-7　纤维载体改性前后蛋白质负载量　　　　单位：μg/cm²

纤维类型	I [①]	II [②]	III [③]	IV [④]	V [⑤]	VI [⑥]
绵绸	76.5	298.5	60.5	47.5	193.0	335.5
黏胶	130.5	364.7	54.5	50.5	308.5	470.9
聚丙烯	75.7	232.0	nd	nd	216.1	103.7

纤维类型	I①	II②	III③	IV④	V⑤	VI⑥
聚酯	91.5	254.9	180.2	nd	157.9	348.4

① 方法 I：处理原始载体，载体材料不做处理。
② 方法 II：共溶剂处理载体。
③ 方法 III：共溶液处理载体。
④ 方法 IV：共价交联处理载体。
⑤ 方法 V：壳聚糖涂层交联处理载体。
⑥ 方法 VI：Fk5 微乳液处理载体。
注："nd"表示因为固定化前后蛋白质浓度过低而无法用 Bradford 法测定。

本案例使用的大孔膜状载体比表面积在 0.216～0.395m²/g 之间（表 2-6）。其中，聚丙烯经方法 I 处理后，蛋白质负载量为 75.7μg/cm²（13.76mg/g）（表 2-7），蛋白质偶联率（7.6%）为壳聚糖载体（0.6%～3.21%）的 2 倍，而且是戊二醛活化尼龙-6 载体（228μg/g）的 60 倍[46]。未处理载体中，黏胶的蛋白质负载量最高（130.5μg/cm²）。经过方法 II、V、VI 改性后，绵绸、黏胶和聚丙烯的蛋白质负载量均有所提高，尤其是绵绸和黏胶通过方法 VI 处理后，蛋白质负载量分别提高至 335.5μg/cm² 和 470.9μg/cm²，而聚丙烯通过方法 II 处理后达到 232.0μg/cm²。各纤维载体经不同方法处理后的酶酯化及水解活性趋势相似（图 2-15）。共溶剂法（方法 II）和共溶液法（方法 III）对固定化酶活性提高无显著作用，交联方法（方法 IV 和方法 V）则导致酶膜活性降低。Fk5 微乳液处理（方法 VI）可显著提高固定化酶活性。绵绸和黏胶纤维具有良好生物相容性，可重复使用 30 次以上（表 2-8）。

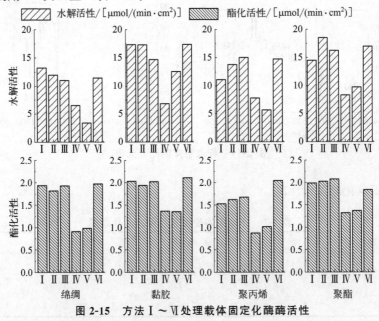

图 2-15　方法 I～VI 处理载体固定化酶酶活性

表 2-8 不同方法制备的固定化酶在十二酸十二醇酯化反应中的重复使用批次

单位：批次

纤维类型	I	II	III	IV	V	VI
绵绸	41	30	10	41	nd	42
黏胶	36	31	31	36	7	44
聚丙烯	14	23	37	13	—	14
聚酯	13	35	38	13	13	36

注："nd"表示因为操作稳定性研究时活性过低而未测定。

酯化反应条件：使用 5mL 正己烷作溶剂，十二酸与十二醇按等摩尔比混合（0.5mol/L），固定化酶 2 块（3cm×3cm），40℃，190r/min。

⑤ 固定化酶方法比较

a. 预吸附作用（方法 II）：蛋白质偶联率及载体的活性回收均有所提高（表 2-9），共溶剂处理使聚丙烯和聚酯的操作稳定性分别提高到 23、35 批次。添加剂如吐温、司盘类和卵磷脂等可保护酶活性位点，稳定酶活性。共溶剂吸附对绵绸和黏胶固定化酶的重复使用批次分别从 41、36 批降至 30、31 批。聚丙烯和聚酯蛋白质偶联率的增加与有利的亲疏水界面形成有关，通过共溶剂处理，聚丙烯表面的水接触角从 110.53°增加到 114.71°。

表 2-9 共溶剂法处理载体固定化酶参数

纤维类型	方法	酶活性回收率/%	蛋白质偶联率/%
聚丙烯	I	3.7	7.6
	II	4.7	23.3
聚酯	I	1.2	12.8
	II	4.2	25.6

b. 交联作用（方法 IV 和 V）：聚丙烯和聚酯的惰性基团不易发生活化，除非在固定化过程中残余戊二醛与酶发生反应。壳聚糖具有丰富的氨基多糖和良好成膜性，被用作与戊二醛和脂肪酶交联的载体。交联固定化脂肪酶的活性（图 2-15）和稳定性（表 2-8）较未交联的固定化酶有所降低。除聚酯外，壳聚糖涂覆后所有载体的醛基含量都有提高（表 2-10），但壳聚糖涂覆交联处理导致无纺布易脆裂，无法用于酶固定。

表 2-10 活化后载体的醛基含量

纤维类型	方法 IV/(mmol/m²)	方法 V/(mmol/m²)
绵绸	33.3	94.4
黏胶	27.8	77.8
聚丙烯	66.7	105.6
聚酯	155.6	144.4

c. 疏水作用（方法Ⅵ）：氨基改性 PDMS 处理纤维使载体表面富含甲基，提高了载体的疏水性。PDMS 处理绵绸载体的蛋白质负载量（$61.3\mu g/cm^2$）比原始纤维载体（$58\mu g/cm^2$）略高。方法Ⅵ处理使绵绸、黏胶和聚酯的蛋白质偶联率提高约 3 倍（表 2-11），改性聚酯固定化效率从 1.8% 显著提高到 11.5%。改性绵绸的使用寿命基本不变（从 41 批次到 42 批次，表 2-8），改性黏胶的使用寿命提高了 8 批次（从 36 批次提高到 44 批次），改性聚酯使用寿命大约为原来的 3 倍（从 13 批次提高到 36 批次）。黏胶载体固定化脂肪酶的活性随反应体系中的水含量变化，如图 2-16 所示。当水加入量达到 10% 时，疏水黏胶固定化酶的起始酯化率高且活性保持稳定，在 14% 加水量时比直接吸附的固定化酶更稳定。疏水纤维固定化酶因疏水性提高更有利于酶的活性构象，减少载体纤维吸附的水分，改善酶微环境，从而有利于高水含量下的催化。

表 2-11　Fk5 微乳液处理载体的固定化参数

纤维类型	方法	固定化效率/%	蛋白质偶联率/%
绵绸	Ⅰ	17.2	7.6
	Ⅵ	17.6	33.7
黏胶	Ⅰ	19.8	13.1
	Ⅵ	23.9	47.3
聚酯	Ⅰ	1.8	12.8
	Ⅵ	11.5	35.0

注：因为聚丙烯经处理后稳定性未显著提高，相关数据未列出。

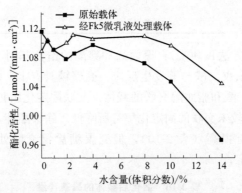

图 2-16　反应体系水含量对方法Ⅵ处理黏胶固定化酶酯化活性的影响
以 10mL 正己烷为溶剂，配制等物质的量（0.125mol/L）的十二酸十二醇反应液，
设置不同初始水含量，一块固定化酶（3cm×3cm），40℃，190r/min，反应 1.5h

⑥ 其他载体固定化脂肪酶。对比无纺布及海绵载体固定化参数，普通聚氨酯泡沫载体与黏胶涤纶无纺布相当，固定化蛋白质负载量约为 6mg/g，水解活

性约为 7kU/g（表 2-12）。研究优化了粗酶粉溶液直接吸附工艺的固定化条件，包括酶浓度、吸附温度、酶液/载体比例等（图 2-17）。疏松海绵固定化蛋白质负载量及酶活性均高于致密海绵，最适酶液浓度为 30mg/mL，最佳吸附 pH 为 7～8，最适温度为 20℃。

表 2-12　不同载体固定化脂肪酶的参数比较

载体种类		固定化蛋白质负载量		固定化酶活性/(U/g)	固定化效率/%	酶活性回收率/%
		mg/g	$\mu g/cm^2$			
纤维	绵绸（14.95mg/cm²）	2.07	31	5518.4	37.1	1.9
	涤纶纺粘无纺布（5.52mg/cm²）	5.14	28	7527.2	46.7	3.2
	丙纶无纺布（3.6mg/cm²）	4.44	16	8366.7	33.84	2.59
海绵	木浆	—	—	4893.6	25.8	4.4
	普通聚氨酯	6.29	—	7181.8	33.1	1.2
	PVA	5.3	—	4498.4	32.2	2.6

注：0.3g 载体，30mg/mL 粗酶粉溶液中吸附 3h，25℃，100r/min。

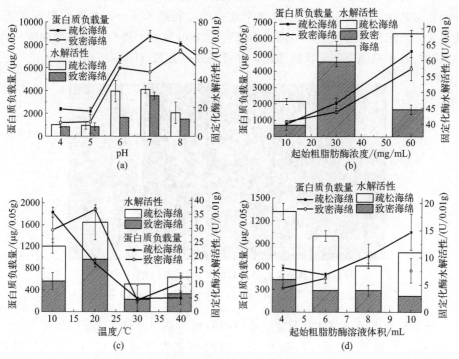

图 2-17　不同因素对载体固定化脂肪酶条件的影响

除图（d）载体用量为 0.02g 外，其余图（a）～（c）中均为 0.05g

固定化酶的最优制备条件为：酶液载体比例为 10mL（30mg/mL 酶液）/
0.02g 海绵，20～30℃吸附 2～3h。进一步优化絮凝剂沉淀工艺，通过壳聚糖絮
凝剂沉淀酶蛋白并进行固定化，减少壳聚糖在载体上的沉积，增强了 15 批酯化
反应的稳定性（图 2-18）。

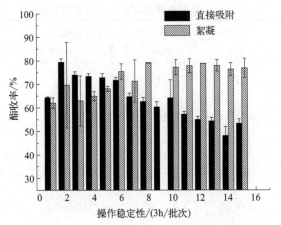

图 2-18　壳聚糖絮凝固定化后的酶操作稳定性

两亲高分子包覆 Fe_3O_4 纳米复合球载体直接吸附固定化酶，由甲基丙烯酸
和苯乙烯共聚物包覆 Fe_3O_4 形成纳米复合球，利用苯环 π-π 共轭作用直接吸附
蛋白质。固定化方法简单，不需化学偶联，2h 可吸附上蛋白质，且吸附效率高。
该载体的疏水基团有利于反应催化，并可高效磁分离（图 2-19）。

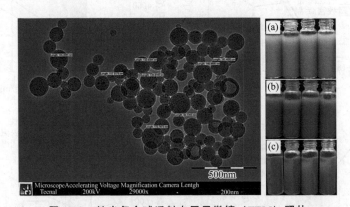

图 2-19　纳米复合球透射电子显微镜（TEM）照片

（a）复合球；（b）吸附上蛋白质后；（c）吸附上蛋白质磁分离实物照片

使用红外光谱对载体及固定化脂肪酶的表面基团进行了表征（图 2-20）。在
$3024.4cm^{-1}$ 和 $2922.2cm^{-1}$ 处分别观察到甲基和亚甲基 C—H 伸缩振动峰。
$1699.3cm^{-1}$ 为酯基 C＝O 的特征吸收峰，主要来源于载体。$1600.9cm^{-1}$ 与

1452.4cm⁻¹处为羧酸盐（COO⁻）的对称与非对称共振峰，体现载体中羧基结构。此外，1076.3cm⁻¹和1047.3cm⁻¹归属于芳香酰基的C—C（═O）伸缩振动。756.9cm⁻¹与698.2cm⁻¹的双峰特征为单取代苯环的面外弯曲振动。脂肪酶吸附于载体后，其特征峰与载体结构（羧基）和酶分子中的肽键（酰胺Ⅰ、Ⅱ区）发生重叠，特别是在2922.2cm⁻¹、1660.7cm⁻¹和1600.9cm⁻¹处，表明酶成功固定于载体表面。

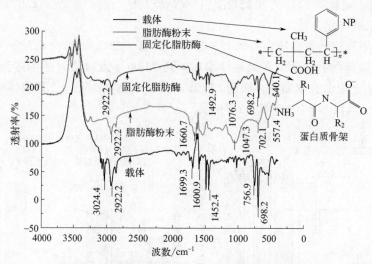

图2-20 纳米复合球固定化酶及载体的红外光谱分析

如图2-21所示，随着初始酶量增加，沉淀中的蛋白质含量呈线性增加，表明纳米复合球（NP）具有很强的吸附能力。3～90mg粗酶粉用于固定化，离心

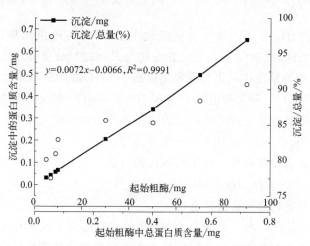

图2-21 纳米复合球固定化酶吸附能力与初始酶量关系

溶液3.5mL，25℃下吸附2h，离心分离，测上清蛋白含量

分离后，NP 吸附的物质中 80%～90% 为酶粉沉淀和 NP 混合物。通过离心分离测上清蛋白质含量评估 NP 蛋白质负载能力的方法不准确，因为沉淀部分可能包含非蛋白质杂质。固定化酶应完全被磁铁吸附，否则酶粉和固定化酶混合物的催化反应无法体现载体的磁性分离优势。最后，测定 30mg 酶粉/3.9mg 载体固定化酶的水解酶活性，发现固定化酶、酶粉分别为 (1.92 ± 0.52)U/mg（以固定化酶计）、(12.44 ± 1.31)U/mg（以酶粉计），固定化后酶活性降低。相比商业酶的 10%，实验室 YlLip2 粗酶粉蛋白质含量较低，仅为 0.5%～2.8%（质量分数），需浓缩纯化。

对于不同初始蛋白质含量的 NP 吸附，如图 2-22(a)，酶负载量及固定化酶活性回收随蛋白质含量增多而逐渐增加，到 2562μg 蛋白质时基本达到最大值。对于 2562μg 蛋白质浓缩液，吸附 22.5h，负载率达 64.5%，NP 载体吸附量为 847.2mg/g（以 NP 计）[图 2-22(b)]。

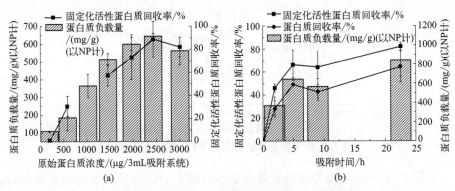

图 2-22　初始蛋白质含量与酶负载量及活性回收关系
(a) 在不同蛋白质含量中的 NP 固定化；(b) 在 2562μg 蛋白质含量脂肪酶浓缩液中的 NP 固定化

以商业酶 MJL 为例，分析其固定化前后 222nm 处蛋白质二级结构变化[图 2-23(a)]。升温到 80℃后，无论固定化与否，222nm 处强度均增加，而固定化酶 MJL-NP 增加幅度小，说明固定化提高了 MJL 酶的热稳定性。而从荧光光谱看出[图 2-23(b)]，脂肪酶溶液中加入 NP 后 344nm 处强度明显减弱，即 NP 对脂肪酶产生明显的荧光猝灭，除了脂肪酶分子结构有所变化外，也有可能是因为 NP 磁球中 Fe_3O_4 对该区域光谱有吸收作用。

该纳米颗粒表面疏水性有利于酶活性的提高，相比游离酶，固定化酶（IM-NP）表现出更好的活性和批次稳定性（图 2-24）。

(2) 疏水固定化酶催化酯化合成

在固定化方法中，疏水处理是一种有效提高脂肪酶活性和稳定性的方法。通过对无纺布载体进行疏水改性，固定化酶在酯化反应中的催化性能显著提升。研究具体操作步骤和反应条件，优化疏水固定化酶催化油酸乙酯合成的工艺。

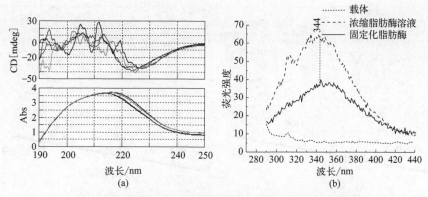

图 2-23　固定化对脂肪酶热稳定性及蛋白质构象的影响

（a）固定化对脂肪酶热稳定性的圆二色谱分析；（b）游离酶与固定化酶的荧光光谱比较

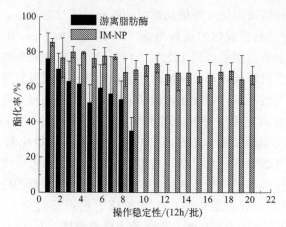

图 2-24　固定化酶操作稳定性

反应条件为 3mL 正己烷做溶剂，配制 0.25mol/L 十二酸和 0.25mol/L 十二醇的反应液，
0.195mL 脂肪酶溶液水相（含 200μg 蛋白质），40℃，200r/min

① 酶固定化后疏水整理工艺。有学者已经对脂肪酶通过戊二醛参与的化学共价结合活化方法进行了研究，并同疏水整理方法进行了对比，如图 2-25。羟基、氨基以及羧基等极性基团的引入不一定提高载体亲水性，氨基硅油中的氨基活化后可以通过与纤维表面的羧基或羟基之间的相互作用力定向牢固地吸附在纤维上。PDMS 有很强的氨基官能团，可以在纤维表面产生很强的定向吸附，如图 2-25(a)。脂肪酶能催化其催化位点附近的大部分残基，包括盖子内表面以及其他长链残基的大疏水表面，强烈吸附在这些疏水载体表面上。基于以上假设，脂肪酶识别这些类似于它们的天然底物的疏水表面，经历界面活化完成固定化过程。

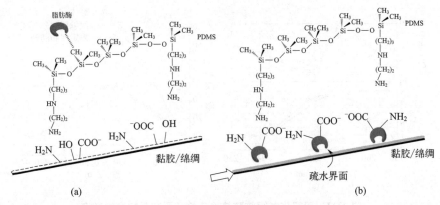

图 2-25 疏水整理方法

（a）疏水整理载体（黏胶无纺布纤维、蚕丝蛋白表面具有羟基、氨基、羧基）；（b）疏水整理固定化脂肪酶膜

研究高浓度酶液固定化对酶催化性能的影响（通过在 30mg/mL 酶液中进行多次吸附），经处理黏胶载体的接触角为 143.28°，10mg/mL 和 30mg/mL 酶液固定化后，酶接触角分别降低到 132.5°、122.0°。为避免因高浓度酶液吸附导致固定化酶疏水性能的降低，对疏水吸附的固定化酶可以进行后整理，即无论是否在疏水界面活化的情况下，固定化的脂肪酶都可以通过在疏水介质中使用氨基硅油整理，从而提高固定化酶制剂的疏水性，见图 2-25(b)。30mg/mL 酶液中经处理的黏胶固定化酶的接触角提高到 131.8°。同理，固定化酶表面容易被氨基硅油定向吸附，外表面有伞状甲基，使得固定化酶制剂呈疏水性，避免了由高酶量吸附后疏水载体疏水性降低造成的酶制剂整体疏水性降低的后果。

如图 2-26 所示，对固定化酶后疏水整理工艺进行优化，即吸附氨基硅油（溶解于正己烷介质）的固定化酶，在烘箱中整理温度、时间的优化。可以看出，对于疏水改性工艺，酯化活性因烘干有所降低，但是一定范围内烘干温度及烘干时间对酯化活性的影响并不明显。在处理时，选择 120℃烘干 2min 即可达到理想的疏水效果。

以无溶剂油酸与乙醇酯化为模型，通过在体系中加入 8%（体积分数）的水研究固定化酶循环稳定性。与直接吸附相比，疏水固定化酶从第 1 批到第 20 批每批反应转化率至少提高了 10%（图 2-27）。批次实验中，疏水固定化酶通过降低过多表面水的累积提高其活性。

② 疏水整理发酵液固定化酶催化酯类合成。发酵液离心（6792g，10min，4℃）后上清液用于酶固定化，室温吸附、干燥，重复数次以提高酶载量得到固定化酶。从脂肪酶发酵液开始，通过织物载体吸附法优化脂肪酶固定化条件。以 4600U/mL 的实验自制假丝酵母脂肪酶发酵液为初始物，发现原始发酵液（pH 为 4~7）无需经 pH 调节，可以直接用于固定化，织物膜直接吸附发酵液以制

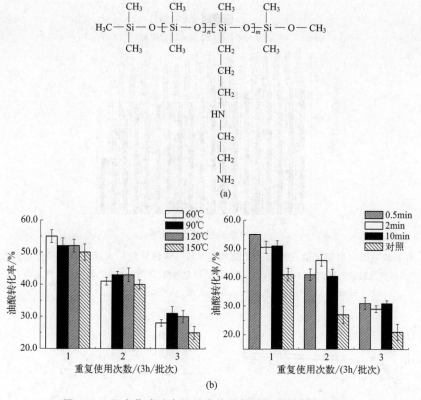

图 2-26　固定化酶疏水处理中的氨基硅油结构与优化条件

(a) 氨基硅油分子结构（8～50Pa·s，PDMS）；(b) 固定化酶烘焙温度、时间条件优化
反应条件为加入 8%（体积分数）水的等物质的量油酸、乙醇无溶剂体系，
一块固定化酶（对照为不经疏水整理的固定化酶）

备固定化酶，固定化方法简单，简化了酶提取的过程。

解脂耶氏酵母培养时，由于在细胞生长过程中的不同时期，脂肪酶分布在不同的细胞组分中（如细胞的脂肪酶、胞内脂肪酶以及胞外脂肪酶）。在培养最初，脂肪酶主要产生于细胞壁上，后期，脂肪酶释放在培养基上达到最大浓度。之前研究了发酵液酶活性对酶固定化的影响[46,47]，发酵液橄榄油水解活性越高，反应速率越快。在 3000～4500U/mL 发酵液活性范围内，反应时间进程是一样的。然而，1900U/mL 发酵液经 4 次吸附制备的固定化酶表现出同 4500U/mL 发酵液 1 次吸附一样的催化活性。3h 后，由固定化酶（1900U/mL 发酵液 4 次吸附）催化的油酸转化率达到 80%，而一天内最终转化率为 86%[图 2-28(a)]。图 2-28(b) 说明了在 8%（体积分数）加水体系中，疏水固定化酶（1900U/mL 发酵液 4 次吸附）的循环操作稳定性。35 批次内疏水固定化酶活性和稳定性较高，表面疏水催化剂减少了长期重复使用过程中过量水的累积，进而有利于维持酶活性。

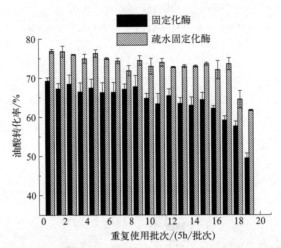

图 2-27　疏水固定化酶在油酸、乙醇加入 8%（体积分数）水反应中的操作稳定性

两块黏胶固定化酶（3cm×3cm），等物质的量的油酸（2.82g）和乙醇（分 5 次流加，
每次加入 584μL），初始加入 300μL 水，30℃，190r/min，反应 5h

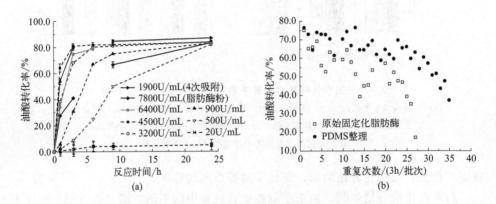

图 2-28　固定化酶酯化反应与疏水固定化酶操作稳定性研究

（a）不同酶活性单位发酵液或粗酶粉溶液固定化酶酯化进程；（b）加入 8%（体积分数）
水的油酸乙醇酯化反应中疏水固定化酶操作稳定性

操作条件：若无特殊说明，发酵上清液固定化酶是 1 次吸附。其中，1900U/mL 发酵液固定化酶是 4 次
吸附；7800U/mL 粗酶粉溶液固定化酶。油酸乙醇酯化反应中疏水固定化酶操作稳定性的测定实验，
在 1900U/mL 发酵液吸附的黏胶固定化酶（3cm×3cm）反应体系中加入 8%（体积分数）水，反应 3h

进一步研究发酵液离心后的酶活性分配情况（表 2-13）。通过离心，发现
425g，10min 可以分离上清液和沉淀，另外对比 6792g 离心力，425g 离心后得
到的柔软的沉淀更容易处理。因此，除了使用上清液制备固定化酶，只要有合适
的方法（例如沉淀均质化），发酵液离心后的沉淀（1000～3000U/g）也有酶固

定化应用潜力。

表 2-13 发酵液离心后脂肪酶活性分配

离心条件	现象	水解酶活性	
		上清液酶活性 /(U/mL)	沉淀酶活性 /(U/g)
106g,5～10min	没有分层,没有沉淀	—	—
239g,5min	离心管壁上一层薄薄的沉淀	—	—
425g,10min	固液分离,沉淀柔软	3200±0	1429±107
6792g,10min	固液完全分离	2500±100	3268±454

干燥粗酶粉由于具有方便、稳定和便于储存等特点,在酶的固定化过程中也有应用。一般脂肪酶粉是通过先在发酵液中加入酶活性保护剂(如牛奶、麦芽糖糊精),再进行喷雾干燥制备而成,因此脂肪酶粉和发酵液主要组分不同。当以类似的活力吸附载体时,6400U/mL 发酵液固定化脂肪酶比 7800U/mL 粗脂肪酶粉溶液催化活性更高(图 2-28),3h 后,发酵液、粗酶粉溶液固定化酶对油酸转化率分别为 74.1%、41.2%。游离酶活性、脂肪酶溶液成分(比如从发酵液或者酶粉溶液制备的),以及载体上的酶负载(通过吸附时间作用)都会影响固定化酶的最终活性。对比粗酶粉溶液中疏水载体上的酶吸附效率,其固定化效率为 23.9%,蛋白质偶联率为 47.3%,从发酵液浓缩酶浆(58000U)中吸附的固定化酶将固定化效率提高到 75.2%、蛋白质偶联率提高到 82.6%(表 2-14)[48]。另外,扩大固定化规模到 2.4L 并监测直至完全吸附时的固定化比例和活性回收(表 2-15)。表 2-15 表明经过 4 次吸附脂肪酶溶液已经完全被利用了,并且得到了 307g 的固定化酶。因为提高了酶液中脂肪酶活性的利用率,酶浓缩液对于工业应用至关重要。

表 2-14 浓缩脂肪酶浆液中酶固定化参数

项目	原始黏胶	疏水黏胶
固定化效率/%	67.9	75.2
蛋白质偶联率/%	71.6	82.6

注:0.6g 黏胶吸附于 10mL 80mg/mL 浓缩脂肪酶浆液(总酶活性 58000U,蛋白质含量 7.57mg)中,经过数分钟完全吸附,然后冻干。

表 2-15 固定化过程中脂肪酶活性回收

吸附次数	每次吸附时间/h	余脂肪酶液体积/L	余脂肪酶液活性/($\times 10^4$U)	活性回收/%
初始值	0	2.4	621	0
1	2.5	2	389.25	37.3%
2	1	1.5	308.7	50.3%

吸附次数	每次吸附时间/h	余脂肪酶液体积/L	余脂肪酶液活性/($\times 10^4$U)	活性回收/%
3	1.5	0.4	161.1	74.1%
4	0.08	≈0	0	100%

注：122g 黏胶吸附于 60mg/mL 脂肪酶溶液（总活性 6.21×10^6U）2h，风干。

(3) 疏水固定化酶催化性能评估

为进一步研究疏水整理固定化酶对酶催化性能的影响，对游离酶液、高聚物复合纳米球（NP）固定化酶以及疏水整理固定化酶在不同 pH、温度、有机溶剂中的活性和稳定性进行测定和比较，以全面评估疏水整理固定化酶在不同条件下的催化性能，确定其在实际应用中的优越性。

① pH 值、温度和溶剂的影响。在 pH 值 4～10 范围内 [图 2-29（a）和（b）]，游离酶和 NP 固定化酶的最适 pH 值都为 8，但黏胶无纺布固定化酶（无论疏水整理前后）最适 pH 值均为 7，即固定化酶最适 pH 值作用范围向酸性方向偏移，碱性区域较游离酶敏感 [图 2-29(a)]。游离酶以及 NP 固定化脂肪酶在 pH 值 5～8 的范围内非常稳定，室温 pH 值 5～8 保存 16h 后，酶活性仍保留 85% 以上，而黏胶无纺布固定化脂肪酶仅在 pH 值 6～7 范围内表现出比较高的稳定性（酶活性保留 85% 以上）。

在 pH 值 8.0 标准条件下测定酶在 25～50℃ 范围内的最适温度和热稳定性，结果如图 2-29(c) 和 (d) 所示，游离酶和 NP 固定化酶的最适温度为 30～35℃，但是黏胶无纺布固定化酶（无论疏水整理前后）最适温度有所提高，都为 40℃ [图 2-29(c)]。热稳定性实验表明，对于游离脂肪酶，25℃ 时酶活性最稳定，保温 4h 后依然保持大于 74% 的活性；而当温度高于 35℃ 时，游离脂肪酶酶活性急剧下降，保温 2h 后酶活性保留低于 50%，45℃ 保温 1h 后活性保留低于 23% [图 2-29(d)]。对于黏胶无纺布固定化酶（无论疏水整理前后），35～45℃ 范围内，表现出很强的稳定性，45℃ 保温 4h 后酶活性仍高于 70%，说明经过黏胶无

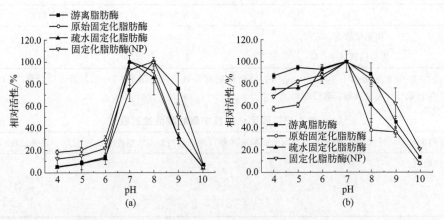

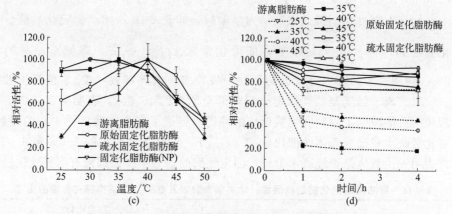

图 2-29 pH、温度对脂肪酶活性和稳定性的影响

纺布固定化后，脂肪酶的热稳定性得到有效改善。

　　通过 24h 溶剂浸没考察固定化酶对不同极性有机溶剂的耐受性，如图 2-30 所示。不同疏水常数的有机溶剂对固定化酶酶活性影响不同，非极性溶剂如甲苯、正己烷中比较稳定，酶粉和普通固定化酶的酶活性保留率高于 60%；而强极性有机溶剂如二甲基亚砜（DMSO）、甲醇中基本完全失活，脂肪酶需要结合水才能发挥其活性，而强极性有机溶剂容易夺取脂肪酶分子表面的结合水，导致酶活性的损失。另外，相对于普通固定化酶、粗酶粉，疏水整理固定化酶活性随溶剂极性的变化不大，而对于甲苯和 DMSO 溶剂其稳定性有些不同，分别表现出较低和较高的活性。

　　② pNPP 水解动力学。对比酶固定化前后的动力学参数，在 0.165～

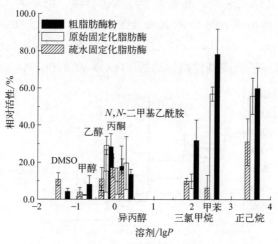

图 2-30　固定化酶对不同有机溶剂的耐受性

lg$P$ 为化合物在正辛烷/水两相体系中分配系数的对数值

1.65mmol/L 底物浓度范围内，酶活性随底物浓度的增加而增加，通过 Lineweaver-Burk 线性作图得到表观动力学参数，如表 2-16 所示。固定化后酶分子催化底物到产物的最大转换数，即催化常数 $k_{cat} = \dfrac{v_{max}}{[E]_T}$，降低至原来的约 3.2%。说明过多的酶固定化后酶活性损失较多。米氏常数（K_m）值受扩散限制、位阻、离子强度制约，固定化后降低至原来的 40.8%，表明酶在载体上的物理吸附可能减少了限制底物接近酶的障碍，促进了底物和酶活性中心的接触。固定化后疏水和普通载体的催化效率（k_{cat}/K_m）分别为原来的 7.9% 和 6.8%。结果表明无论载体是否经疏水整理，固定化酶的动力学参数都没有明显变化。

表 2-16　脂肪酶固定化前后酶活性、动力学参数以及红外二级结构相对含量的比较

参数	粗酶粉	固定化脂肪酶	
		原始	PDMS 处理
接触角/(°)	—	122	131.8
最大反应速率/[μmol/(L·min)]	311.74	32.82	34.04
催化常数/min^{-1}	17.13	0.55	0.50
米氏常数/(mmol/L)	1.57	0.64	0.67
催化效率/[mL/(mol·min)]	10.9	0.9	0.7
α-螺旋结构占比/%	39.5	35.4	35.2
β-折叠结构占比/%	20.5	22.9	19.0

注：含 1.66mg 蛋白质的 200μL 粗酶粉溶液；负载 5.42mg 蛋白质的 70.2mg 原始固定化酶；负载 6.26mg 蛋白质的 70.2mg PDMS 整理的疏水固定化酶。

③ 表面元素及结构表征。黏胶为多羟基化合物，由 C 和 O 元素构成。XPS 分析中 Si(2p) 峰的出现表明 Si 的引入（图 2-31）。PDMS 在载体上物理吸附使 1260cm^{-1}、1021cm^{-1} 和 800cm^{-1} 位置对应出现—CH$_3$、Si—O—Si 和 Si—C [图 2-32(a)]。对应于肽羧基伸缩振动的 v(CO) 在 1700~1600cm^{-1}。因为酰胺

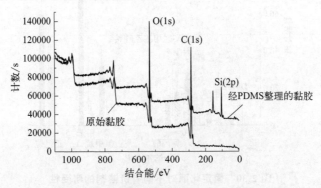

图 2-31　PDMS 疏水整理前后黏胶无纺布的 X 射线元素分析

Ⅰ区高度重合，根据每个谱图二阶导数光谱降低谱带分析难度。图 2-32(b) 为样品的红外光谱图，包括粗酶粉、疏水整理或不经整理的载体固定化酶。在纯化脂肪酶二级结构分析方法的辅助下，通过二阶导数光谱和其谱图归属分析，粗酶制剂固定化后 19% β-折叠和 35.2% α-螺旋的结构基本保留（表 2-16），即在红外光谱图蛋白质二级结构区域，粗酶粉固定化前后谱图基本一致。

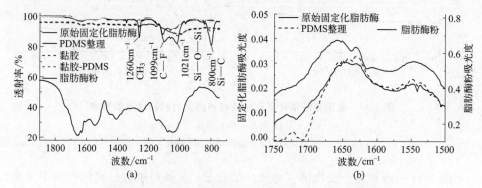

图 2-32　(a) 载体及粗酶粉、固定化酶的 FTIR 谱图；
(b) 粗酶粉及固定化酶的 ATR-FTIR 谱图（彩图见书末彩插）

2.3.3　无溶剂油酸乙酯化反应催化

无溶剂体系能够简化反应过程，减少环境污染，同时提高反应效率和产品纯度，是实现绿色化学合成的重要手段。酶法催化油酸和乙醇的酯化由有机溶剂体系向无溶剂系统过渡。研究表明，无溶剂体系最适反应温度为 30℃；通过流加操作可以减少过量乙醇对固定化酶活性的抑制，提高转化率；酯化率随固定化发酵液酶活性和酶用量的增加而提高，3200U/mL 的发酵液固定化，酶用量超过 8% 时，酯化过程在 6～9h 内达到平衡，平衡转化率为 85%；反应体系中过多的水不利于酯化，加入分子筛除水可提高酯化率。

(1) 反应动力学

为优化无溶剂体系中脂肪酶催化油酸与乙醇的酯化反应，研究反应动力学。通过系统分析反应速率、底物浓度及抑制因素，确定了最适反应条件，揭示了无溶剂体系中酶催化酯化反应的机理。

过量乙醇能够导致两种结果：酶失活以及抑制脂肪酶催化活性。而 Yl Lip2 对乙醇更敏感[49]。对于基于酶热动力学方法的无溶剂油酸乙酯合成，Sandoval 等人[41] 报道了只存在乙醇抑制的乒乓双底物反应机理，无溶剂反应体系和正己烷一样高效。过多乙醇导致的反应抑制归因于酶和过量乙醇形成的终端复合物。为增强酯化反应程度，乙醇浓度可通过流加操作来进行控制。此过程中发现不存在传质限制，动力学不受转速改变或者固定化酶含量的影响（图 2-33）[50]。

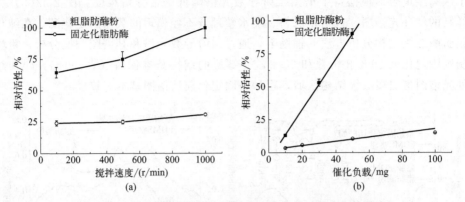

图 2-33   固定化酶催化反应中转速和酶量对初始速率的影响

(a) 转速；(b) 酶量

固定化酶剪为 $5mm^2$ 大小进行催化

图 2-34 可理解为：底物 A（油酸）结合 E；A 被裂解为分离的产物 P（水）和 X（脂肪酸）仍然与 E 保持共轭的（复合物 EX）关系；底物 B（乙醇）结合复合物 EX 得到 EXB 中间体；X 和 B 融合在一起得到分离的产物 Q（生物柴油）。游离酶能够结合乙醇（底物）成为复合物 EB。

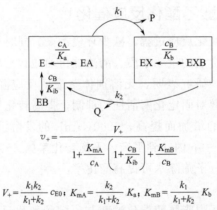

$$v_+ = \frac{V_+}{1 + \dfrac{K_{mA}}{c_A}\left(1 + \dfrac{c_B}{K_{ib}}\right) + \dfrac{K_{mB}}{c_B}}$$

$$V_+ = \frac{k_1 k_2}{k_1 + k_2}c_{E0};\ K_{mA} = \frac{k_2}{k_1 + k_2}K_a;\ K_{mB} = \frac{k_1}{k_1 + k_2}K_b$$

图 2-34   有底物抑制的乒乓反应机制图示及相应方程

A—油酸；B—乙醇；P—水；Q—生物柴油；X—脂肪酸；V_+—正反应最大速率；

K_{mA}—油酸的米氏常数；K_{mB}—乙醇的米氏常数；K_{ib}—乙醇的抑制常数；v_+—正反应速率；

c_A—油酸浓度；c_B—乙醇浓度；c_{E0}—酶的总浓度；K_a—油酸结合的平衡常数；K_b—乙醇结合的平衡常数；

k_1，k_2—乒乓机制中两个反应步骤的速率常数

如图 2-35 所示，从左到右分别为粗脂肪酶粉、固定化脂肪酶以及疏水固定化脂肪酶。本次制备因烘烤时间过长造成活性损失严重，但不影响 10%～14%（体积分数）加水反应中疏水酶的催化效果。

有乙醇抑制的乒乓机理拟合结果如图 2-35 所示，因数据无法通过无约束近似拟合，所有参数（V_+、K_{mA}、K_{mB}、K_{ib}）最初拟合时均呈现数值发散趋势（趋于 0 或无穷大）。因此，在合理区间内固定两个参数（V_+ 和米氏常数或者解离常数之一），再对其他参数进行优化。拟合结果列于表 2-17。分析基于起始速率，故最大速率的估计尤为关键。

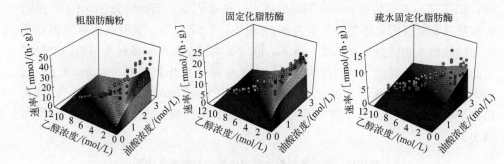

图 2-35　乙醇抑制的乒乓反应机制方程结果的 3D 拟合图

表 2-17　参数拟合过程及图 2-35 拟合的选定值

	项目	*****				*****			
粗脂肪酶粉	$V_+=$	250	250	250	250	170	200	250	300
	$K_{mA}=$	1.81	4.27	5.75	7.77	2.83	3.37	4.27	5.17
	$K_{mB}=$	3.69	2.99	2.59	2.04	1.78	2.23	2.99	3.76
	$K_{ib}=$	0.2	0.5	0.7	1	0.5	0.5	0.5	0.5
	$R^2(\text{adj.})=$	0.62	0.62	0.62	0.62	0.62	0.62	0.62	0.62

	项目	**********				*****						
固定化脂肪酶	$V_+=$	100	100	100	100	150	150	100	150	200	250	200	100
	$K_{mA}=$	0.26	0.52	1.01	1.94	0.80	1.57	1.01	1.57	2.12	2.68	1.09	1.01
	$K_{mB}=$	2.22	2.15	2.01	1.75	3.67	3.45	2.01	3.45	4.89	6.33	5.19	2.01
	$K_{ib}=$	0.05	0.1	0.2	0.4	0.1	0.2	0.2	0.2	0.2	0.2	0.1	0.2
	$R^2(\text{adj.})=$	0.92	0.92	0.92	0.92	0.92	0.92	0.92	0.92	0.92	0.92	0.92	0.92

	项目	*****				*****			
疏水固定化脂肪酶	$V_+=$	100	100	100	100	100	150	200	300
	$K_{mA}=$	22.99	21.72	19.28	12.58	21.72	35.44	49.16	76.63
	$K_{mB}=$	0.5	1	2	5	1	1	1	1
	$K_{ib}=$	8.27	7.30	5.753	2.88	7.30	8.49	9.15	9.87
	$R^2(\text{adj.})=$	0.57	0.57	0.56	0.54	0.57	0.57	0.57	0.57

注：1. "*****"所示参数组为用于图 2-35 绘图的代表性拟合值。其选取基于乒乓机制拟合模型，通常固定 V_+ 与 K_m 或 K_{ib} 之一，在合理参数区间内优化其余参数，从而获得与实验数据拟合良好的结果。

2. 表中 V_+ 单位为 $\mu\text{mol}/(\text{L}\cdot\text{min})$，$K_{mA}$、$K_{mB}$、$K_{ib}$ 单位为 mol/L。

如表 2-18 所示，固定化脂肪酶较粗脂肪酶粉最大反应速率有所降低，尤其是高温长时间烘焙疏水整理固定化脂肪酶（最大反应速率是烘焙前的 1/2，是粗脂肪酶粉的 1/3）。底物米氏常数的增大或减小，说明酶和底物间的亲和力的减小或增大。疏水整理固定化脂肪酶米氏常数为 35.4mol/L，远远大于粗酶粉及普通固定化脂肪酶（分别为 4.3mol/L、2.1mol/L），分别约为后两者的 10 倍、20 倍；K_{mB} 值对不同的酶制剂有不同的特点，疏水固定化脂肪酶为 1mol/L，粗脂肪酶粉及普通固定化脂肪酶分别为 3.0mol/L、4.9mol/L。说明疏水整理固定化酶与油酸的亲和能力显著降低。而 K_{ib} 值（表明抑制程度，即最大抑制一半时需要的底物浓度）越小，抑制作用越大，疏水整理固定化脂肪酶为 8.5mol/L，远远大于粗脂肪酶粉及普通固定化脂肪酶（分别为 0.5mol/L、0.2mol/L），分别约为后两者的 17 倍、42 倍，说明乙醇对疏水整理固定化脂肪酶的抑制作用最小。

表 2-18 可以得到最大反应速率的底物浓度计算

项目	粗脂肪酶粉		固定化脂肪酶		疏水固定化脂肪酶	
	可信	选取	可信	选取	可信	选取
$V_+ =$	170～300	250	100～250	200	100～300	150
$K_{mA} =$	2～8	4.27	0.3～2.7	2.12	15～70	35.44
$K_{mB} \geqslant$	2～4	2.99	1.7～6	4.89	0.5～2	1
$K_{ib} \leqslant$	0.2～1	0.5	0.05～4	0.2	3～10	8.49
最大反应速率估计值	$v=20～30$ $c_A=2～3$ $c_B=0.75～2$		$v=18～20$ $c_A=2.5～3$ $c_B=0.75～1.5$		$v=7～10$ $c_A=2.5～3$ $c_B=0.75～2.5$	

注：表中 V_+、v 单位为 $\mu mol/(L \cdot min)$，K_{mA}、K_{mB}、K_{ib}、c_A、c_B 单位为 mol/L。

（2）疏水固定化脂肪酶在 5L BSTR 中的催化应用

在 5L 批式搅拌罐反应器（BSTR）中应用疏水固定化脂肪酶进行无溶剂油酸乙酯化反应，考察其催化性能和操作稳定性。研究结果表明，疏水固定化脂肪酶在 BSTR 中具有高效的催化活性和良好的操作稳定性，验证了其在工业规模反应中的应用潜力。

① 由 5L 发酵罐改造的适用于反应转化的 BSTR（图 2-36）。12 根聚氯乙烯（PVC）圆柱形空心管固定在金属支架上，固定化脂肪酶缠绕在管壁上，管壁设有直径为 8mm 的孔洞，使反应液中的水分子能够进入管内并被填充的吸水分子筛吸附，从而实现体系除水。反应条件：139.5g 固定化脂肪酶，200g 分子筛（混入变色硅胶），3.14mol 油酸（887.5g），分步流加 3.54mol 乙醇（共 207mL，第 1 批一次性加入，第 2 批～第 10 批均分 4 次流加）。在每批反应中，当每部分乙醇达到理论转化率后，加入下一部分乙醇。物料充分混合均匀后，继

续加入固定化脂肪酶进行反应。反应条件为 30℃，1000r/min。

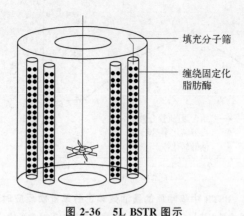

图 2-36　5L BSTR 图示

固定化脂肪酶缠绕在 PVC 管支架外面

②　单批反应过程中水的累积。在无溶剂酶催化酯化反应中，通过初始向固定化脂肪酶添加水分以及在反应体系中添加吸水剂，初步研究了水分的作用，重点探讨了反应体系中的水分含量以及固定化脂肪酶中水分的累积。

传统 BSTR 是用于测定疏水酶膜的模型反应器。在单批不进行乙醇流加的反应中，如图 2-37 所示，底物浓度随着反应体系中水含量的增加（0.53%～1.19%）没有明显变化趋势。结果与早期生物催化剂体系中水含量几乎独立于底物浓度的结论一致[42]。乙醇转化趋势类似于当乙醇不流加时油酸的转化。所有反应试剂都包含一定量的水，乙醇和油酸分别给体系带来 0.94g、10.28g 的水。反应前固定化脂肪酶含 7.37%（质量分数）的水。研究反应体系中水含量随时间变化以了解水的分配情况。11h 油酸转化率达到 72.9%，而该时刻理论上的水含量是 41.17g（图 2-37）。同时，固定化脂肪酶相应水含量增加到 8.66%，液体混合物包含 1.77%（16.35g）的水，理论上占总水含量的 39.7%。批次酯化过程中，固定化脂肪酶水的累积趋于增加。在更高转化程度时，由于更多水的产生，生物催化剂上水的累积更加显著，并且溶液极性由于酸和醇被转化为极性更弱的酯类产物而降低。

尽管如此，如果固定化酶膜隔夜干燥，其酶活性可以恢复。研究发现，当酶干燥到水含量（质量分数）4.39% 时，其活性可以再生。催化剂水含量是影响反应平衡、酶活性、酶操作稳定性的主要因素。然而，简单的风干和其他操作也有助于固定化酶活性的再生。

测定了蛋白质随时间的脱落，以对比不同的固定化方法。研究水中从疏水载体上酶的脱落，通过测定水中蛋白质含量随时间的变化与正己烷中的酶蛋白脱落情况进行了比较（图 2-38）。经过 5 天水中孵育，初始 2h 酶从载体上快速脱落，4 天后完全脱落。在正己烷中，只有一小部分蛋白质可能是由于固定不牢在反应

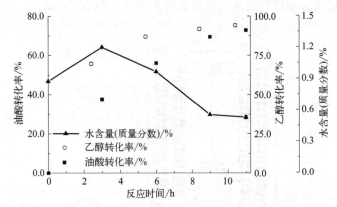

图 2-37　BSTR 中等物质的量油酸和乙醇单批次反应时间进程

油酸与乙醇等物质的量加入（各 3.54mol），乙醇一次性加入，未采用分阶段或连续流加

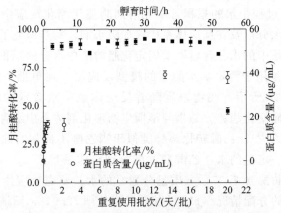

图 2-38　固定化酶催化批次稳定性和蛋白质脱落

初始时脱落，但是几乎没有继续脱落。而被物理负载在载体上的酶脱落，在工业应用时可能会产生棘手的问题[51]。第 12 批反应时，固定化酶因为机械搅拌被剪碎成布条状，但酯化速率却未受影响；直到第 20 批，固定化酶水含量达 20% 时，酯化速率降低了 50%。因此，当在 BSTR 中应用固定化酶时，搅拌剪切力导致的酶布上酶的脱落不如水含量增加的作用明显。

③ 操作稳定性。蛋白质在短链醇（如甲醇、乙醇等）中不稳定，而且乙醇的存在不利于脂肪酶活性的发挥[49]。对于绵绸固定化酶，在乙醇分 5 次流加的情况下，油酸和乙醇酯化（5h/批）直至 19 批时反应速率仍稳定在初始值的 80% 以上[47]。在本实验中乙醇分 4 次流加以降低对酶活性的抑制。由于底物（或产物）有保护酶活性的作用，在操作中除了加入乙醇时避免触碰酶外，固定化酶一直都保存（浸没）在反应体系中。

图 2-39 为无纺布疏水酶催化的 10 批反应中每一批反应的脂肪酸转化时间进程，除了第 1 批外其他批次都进行了乙醇的流加。第 1 批反应，反应 5h 内酯化率迅速增加，使转化率到 60％，之后缓慢增加，12h 达到最终转化率 84％，同在 BSTR 中绵绸固定化酶催化反应的最终酯化结果一样（图 2-40）；第 2 到第 4 批反应时间进程基本一致，10h 内达到 90％的最终转化率，较第 1 批不流加的情况，通过 4 次乙醇流加最终酯化率提高了约 10％，说明乙醇分步流加对酶活性抑制程度的减弱；第 5 批反应后反应速率逐渐减慢；第 6、8、10 批的最终转化率分别为 12h（88.3％）、19h（87.2％）和 36h（81％）。结果表明在合适的操作条件下，无纺布固定化酶可至少使用 10 批（150h）。

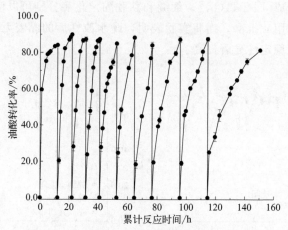

图 2-39　乙醇流加情况下固定化酶操作稳定性

第 1 批不流加，第 2 批及以后乙醇均分 4 次流加

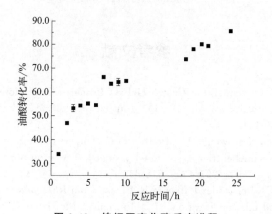

图 2-40　绵绸固定化酶反应进程

等物质的量的油酸和乙醇（各 3.54mol），100g 固定化酶，

177g 硅胶，30℃，1000r/min

2.3.4 其他酯化反应的催化

脂肪酶在其他酯化反应中也展现出广泛的催化潜力，研究不同底物与酯化反应的催化过程可进一步拓展脂肪酶的应用范围。

脂肪酶粉作为催化剂在无溶剂反应体系中分散不均匀，影响酶粉与底物的接触，导致产物含量不稳定。比较等质量 Nov435 酶和实验室酶的催化效果，实验室酶在黏胶无纺布固定化后催化效果更好，显示出固定化酶的重要性。

对于维生素 A 棕榈酸酯的催化合成[图 2-41(a)]，新酶和固定化酶的酶活性和稳定性更高，经疏水改性后，固定化酶的稳定性提高到 20 批次。对于棕榈酸异辛酯的酯化合成[图 2-41(b)]，绵绸和黏胶固定化酶分别可以使用 8 和 9 批次，而普通酶只能使用 4 批次。摇瓶实验表明，疏水改性后的黏胶无纺布固定化酶的转化速率和操作稳定性显著提高。

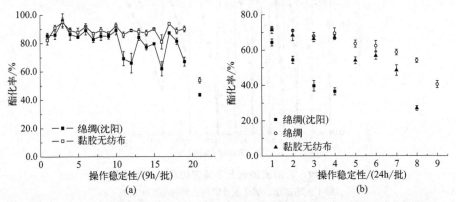

图 2-41 用于（a）维生素 A 棕榈酸酯和（b）棕榈酸异辛酯催化合成的疏水酶布摇瓶批次实验
以"沈阳绵绸固定化酶"作为对照

参考文献

[1] Mendes A A，Oliveira P C，Castro H F D. Properties and biotechnological applications of porcine pancreatic lipase [J]. Journal of Molecular Catalysis B Enzymatic，2012，78：119-134.

[2] Derewenda Z S，Derewenda U，Dodson G G. The crystal and molecular structure of the Rhizomucor miehei triacylglyceride lipase at 1.9 Å resolution [J]. Journal of Molecular Biology，1992，227（3）：818-839.

[3] Rodrigues R C，Fernandez-Lafuente R. Lipase from *Rhizomucor miehei* as a biocatalyst in fats and oils modification [J]. Journal of Molecular Catalysis B Enzymatic，2010，66（1-2）：15-32.

[4] Reetz M T，Jaeger K E. Overexpression，immobilization and biotechnological application of *Pseudomonas* lipases [J]. Chemistry and Physics of Lipids，1998，93

(1-2): 3-14.

[5]　De Maria P D, Sánchez-Montero J M, Sinisterra J V, et al. Understanding *Candida rugosa* lipases: an overview [J]. Biotechnology Advances, 2006, 24 (2): 180-196.

[6]　Kirk O, Christensen M W. Lipases from *Candida antarctica*: Unique biocatalysts from a unique origin [J]. Organic Process Research and Development, 2002, 6 (4): 446-451.

[7]　Garcia-Galan C, Barbosa O, Ortiz C, et al. Biotechnological prospects of the lipase from *Mucor javanicus* [J]. Journal of Molecular Catalysis B Enzymatic, 2013, 93: 34-43.

[8]　Balcão V M, Oliveira T A, Malcata F X. Stability of a commercial lipase from *Mucor Javanicus*: kinetic modelling of pH and temperature dependencies [J]. Biocatalysis and Biotransformation, 1998, 16 (1): 45-66.

[9]　Bjurlin M A, Bloomer S. Proteolytic activity in commercial triacylglycerol hydrolase preparations [J]. Biocatalysis and Biotransformation, 2002, 20 (3): 179-188.

[10]　Bordes F, Barbe S, Escalier P, et al. Exploring the conformational states and rearrangements of *Yarrowia lipolytica* lipase [J]. Biophysical Journal, 2010, 99 (7): 2225-2234.

[11]　Brígida A I S, Amaral P F F, Coelho M A Z, et al. Lipase from *Yarrowia lipolytica*: production, characterization and application as an industrial biocatalyst [J]. Journal of Molecular Catalysis B, 2014, 101: 148-158.

[12]　Darvishi F, Destain J, Nahvi I, et al. High-level production of extracellular lipase by *Yarrowia lipolytica* mutants from methyl oleate [J]. New Biotechnology, 2011, 28 (6): 756-760.

[13]　Fickers P, Marty A, Nicaud J M. The lipases from *Yarrowia lipolytica*: genetics, production, regulation, biochemical characterization and biotechnological applications [J]. Biotechnology Advances, 2013, 30 (6): 632-644.

[14]　Chen B, Yin C, Cheng Y, et al. Using silk woven fabric as support for lipase immobilization: The effect of surface hydrophilicity/hydrophobicity on enzymatic activity and stability [J]. Biomass and Bioenergy, 2012, 39 (4): 59-66.

[15]　Reisenbauer J C, Sicinski K M, Arnold F H. Catalyzing the future: recent advances in chemical synthesis using enzymes [J]. Current Opinion in Chemical Biology, 2024, 83: 102536.

[16]　Tan T, Lu J, Nie K, et al. Biodiesel production with immobilized lipase: A review [J]. Biotechnology Advances, 2010, 28 (5): 628-634.

[17]　Enespa, Chandra P, Singh D P. Sources, purification, immobilization and industrial applications of microbial lipases: an overview [J]. Critical Reviews in Food Science and Nutrition, 2023, 63 (24): 6653-6686.

[18]　Bullo G T, Marasca N, Almeida F L C, et al. Lipases: market study and potential applications of immobilized derivatives [J]. Biofuels, Bioproducts and Biorefining, 2024, 18 (5): 1676-1689.

[19]　Salgado C A, dos Santos C I A, Vanetti M C D. Microbial lipases: Propitious biocatalysts for the food industry [J]. Food Bioscience, 2022, 45: 101509.

[20]　Wancura C J H, Tres M V, Jahn S L, et al. Lipases in liquid formulation for biodiesel production: Current status and challenges [J]. Biotechnology and applied

biochemistry，2020，67（4）：648-667.

[21] Jiang Y，Zheng J，Wang M，et al. Pros and cons in various immobilization techniques and carriers for enzymes ［J］. Applied Biochemistry and Biotechnology，2024，196（9）：5633-5655.

[22] Yang G，J Wu，Xu G，et al. Enhancement of the activity and enantioselectivity of lipase in organic systems by immobilization onto low-cost support ［J］. Journal of Molecular Catalysis B Enzymatic，2009，57（1-4）：96-103.

[23] Tran D N，Balkus Jr K J. Perspective of recent progress in immobilization of enzymes ［J］. ACS Catalysis，2011，1（8）：956-968.

[24] Gupta S，Bhattacharya A，Murthy C N. Tune to immobilize lipases on polymer membranes：Techniques，factors and prospects ［J］. Biocatalysis and Agricultural Biotechnology，2013，2（3）：171-190.

[25] Ondul E，Dizge N，Albayrak N. Immobilization of *Candida antarctica* A and *Thermomyces lanuginosus* lipases on cotton terry cloth fibrils using polyethyleneimine ［J］. Colloids and Surfaces B：Biointerfaces，2012，95：109-114.

[26] 阮光重，平郑骅. 在聚合物膜上固定化酶的方法 ［P］. CN 1358856A，2022-07-17.

[27] Gomes F M，Pereira E B，de Castro H F. Immobilization of lipase on chitin and its use in nonconventional biocatalysis ［J］. Biomacromolcultes，2004，5（1）：17-23.

[28] Ozmen E Y，Yilmaz M. Pretreatment of *Candida rugosa* lipase with soybean oil before immobilization on β-cyclodextrin-based polymer ［J］. Colloids and Surfaces B：Biointerfaces，2009，69（1）：58-62.

[29] 杨大令，吴迪，蹇锡高. 生物功能催化膜定点固定化技术研究进展 ［J］. 化工时刊，2007，21（4）：56-60.

[30] Netto C G C M，Toma H E，Andrade L H. Superparamagnetic nanoparticles as versatile carriers and supporting materials for enzymes ［J］. Journal of Molecular Catalysis B Enzymatic，2013，85-86：71-92.

[31] Zhang D H，Yuwen L X，Xie Y L，et al. Improving immobilization of lipase onto magnetic microspheres with moderate hydrophobicity/hydrophilicity ［J］. Colloids and Surfaces B-Biointerfaces，2012，89：73-78.

[32] Yamaguchi H，Miyazaki M，Asanomi Y，et al. Poly-lysine supported cross-linked enzyme aggregates with efficient enzymatic activity and high operational stability ［J］. Catalysis Science and Technology，2011，1（7）：1256-1261.

[33] Carlsson N，Gustafsson H，Thörn C，et al. Enzymes immobilized in mesoporous silica：A physical-chemical perspective ［J］. Advances in Colloid and Interface Science，2014，205：339-360.

[34] Yin P，Chen L，Wang Z，et al. Biodiesel production from esterification of oleic acid over aminophosphonic acid resin D418 ［J］. Fuel，2012，102：499-505.

[35] Liu W，Yin P，Zhang J，et al. Biodiesel production from esterification of free fatty acid over PA/NaY solid catalyst ［J］. Energy Conversion and Management，2014，82：83-91.

[36] Yin P，Chen W，Liu W，et al. Efficient bifunctional catalyst lipase/organophosphonic acid-functionalized silica for biodiesel synthesis by esterification of oleic acid with ethanol ［J］. Bioresource Technology，2013，140：146-151.

[37] Madalozzo A D，Muniz L S，Baron A M，et al. Characterization of an immobilized

recombinant lipase from *Rhizopus oryzae*: synthesis of ethyl-oleate [J]. Biocatalysis and Agricultural Biotechnology, 2014, 3 (3): 13-19.

[38] Oliveira A C, Rosa M F, Aires-Barros M R, et al. Enzymatic esterification of ethanol and oleic acid—a kinetic study [J]. Journal of Molecular Catalysis B Enzymatic, 2001, 11 (4-6): 999-1005.

[39] Elfanso E, Garland M, Loh K C, et al. In situ monitoring of turbid immobilized lipase-catalyzed esterification of oleic acid using fiber-optic Raman spectroscopy [J]. Catalysis Today, 2010, 155 (3-4): 223-226.

[40] Hazarika S, Goswami P, Dutta N N, et al. Ethyl oleate synthesis by *Porcine pancreatic* lipase in organic solvents [J]. Chemical Engineering Journal, 2002, 85 (1): 61-68.

[41] Sandoval G, Condoret J S, Monsan P, et al. Esterification by immobilized lipase in solvent-free media: Kinetic and thermodynamic arguments [J]. Biotechnology and Bioengineering, 2002, 78 (3): 313-320.

[42] Foresti M L, Ferreira M L. Molecular modeling of the mechanism of ethyl fatty ester synthesis catalyzed by lipases. Effects of structural water and ethanol initial coadsorption with the fatty acid [J]. Journal of Molecular Catalysis B Enzymatic, 2009, 61 (3-4): 289-295.

[43] 胡隼, 王芳, 谭天伟. 固定化假丝酵母99-125脂肪酶催化合成甘油二酯 [J]. 北京化工大学学报（自然科学版）, 2007 (2): 196-199.

[44] 李伟娜, 陈必强, 谭天伟, 等. 预处理固定化脂肪酶膜对酯化反应的影响 [J]. 化学工程, 2017, 45 (7): 1-6.

[45] Li W N, Shen H Q, Tao Y F, et al. Amino silicones finished fabrics for lipase immobilization: Fabrics finishing and catalytic performance of immobilized lipase [J]. Process Biochemistry, 2014, 49 (9): 1488-1496.

[46] Secundo F, Carrea G. Mono-and disaccharides enhance the activity and enantioselectivity of *Burkholderia cepacia* lipase in organic solvent but do not significantly affect its conformation [J]. Biotechnology and Bioengineering, 2005, 92 (4): 438-446.

[47] Li W N, Chen B Q, Tan T W. Esterification synthesis of ethyl oleate in solvent-free system catalyzed by lipase membrane from fermentation broth [J]. Applied Biochemistry & Biotechnology, 2011, 163 (1): 102-111.

[48] Li W N, Chen B Q, Tan T. Comparative study of the properties of lipase immobilized on nonwoven fabric membranes by six methods [J]. Process Biochemistry, 2011, 46 (6): 1358-1365.

[49] Yu M, Qin S, Tan T. Purification and characterization of the extracellular lipase Lip2 from *Yarrowia lipolytica* [J]. Process Biochemistry, 2007, 42: 384-391.

[50] Li W N, Shen H, Ma M, et al. Synthesis of ethyl oleate by esterification in a solvent-free system using lipase immobilized on PDMS-modified nonwoven viscose fabrics [J]. Process Biochemistry, 2015, 50 (11): 1859-1869.

[51] Ikeda Y, Kurokawa Y. Synthesis of geranyl acetate by lipase Entrap—immobilized in cellulose acetate-TiO$_2$ gel fiber [J]. Journal of the American Oil Chemists' Society, 2001, 78 (11): 1099-1103.

第3章
脂肪酶高级催化机理与应用

3.1 脂肪酶在合成反应中的作用

3.1.1 脂肪酶催化合成反应

在过去三十年中，脂肪酶催化合成反应得到了广泛应用和深入研究[1]。除了在常规反应（如水解、酯交换和对映体纯化）中应用，脂肪酶还展示了在非天然反应中的催化能力，显著增强了其作为生物催化剂的效用[2]。在有机合成中，脂肪酶已被证明能有效催化多种 C—C 键形成反应，如 Aldol 缩合、Hantzsch 反应、Canizzaro 反应、Mannich 反应、Baylis-Hillman 反应、Knoevenagel 缩合、Michael 加成和 Ugi 反应[3]。此外，脂肪酶催化的氧化反应也备受关注[4]。通过精细调整实验参数，这些反应的产物产量得到了明显的优化。

目标产物通常以外消旋体形式获得，尽管形成了许多新的反应立体中心，但脂肪酶有效诱导不对称产物合成的实例仍然较少。然而这些研究表明，脂肪酶在合成反应中的应用潜力巨大，未来有望在更复杂和多样的化学反应中发挥重要作用[5]。

3.1.2 脂肪酶的催化多样性与应用

脂肪酶在有机合成中因多种商业制剂的可用性、在有机溶剂中的广泛特异性和相对稳定性而备受青睐[6]。研究发现，脂肪酶具有比预期更广泛的催化多样性，促使其被重新分类和理解，包括底物混杂、条件混杂和催化混杂[7]。脂肪酶表现出区域选择性、脂肪酸特异性、醇类特异性和立体选择性（如甘油三酯上 sn-1 和 sn-3 位置的区别）[8]。在低含水量介质中，脂肪酶在酯化、酯交换和转酯化反应中的条件混杂得到了大量的研究[9]。在 C—C 键形成反应中，催化混杂也广泛存在[10]。

混杂生物催化作为传统 C—杂原子键形成方法的有力补充，近年来备受关注。脂肪酶、细胞色素 P450 单加氧酶、糖基转移酶、胺脱氢酶、蛋白酶等催化的 C—N 键形成反应在合成化学中具有重要意义，对药物和农用化学品的制造至关重要[11]。

综上所述，脂肪酶的选择性和催化效率在有机合成中发挥了关键作用，其催化多样性进一步扩展了其应用范围和潜力，成为生物催化领域的重要研究方向。

3.2 脂肪酶催化原理

3.2.1 结构与催化机制

脂肪酶是 α/β 水解酶，通常由 8 个平行的 β-折叠片段组成，并含有保守的催化三联体 ［丝氨酸-天冬氨酸（或谷氨酸）-组氨酸］，其中丝氨酸作为亲核试剂，天冬氨酸或谷氨酸为酸性残基，组氨酸则起辅助作用[12,13]。活性位点位于蛋白质结构中心的 β-折叠顶部，由疏水残基包围，影响其特异性[14]。脂肪酶根据结合位点的几何结构分为疏水、裂缝状、漏斗状和隧道状。氧离子洞在脂肪酶底物特异性中起关键作用，其构象类型（GX 和 GGGX）决定了底物的水解能力[15,16]。除此之外，氧离子洞还通过氢键稳定催化三联体与底物形成四面体中间体，即中间体通过骨架氨基化合物的质子和底物羰基氧之间的氢键得以稳定。除以上结构外，二硫键的数量也是表征酶稳定性的重要指标之一，对脂肪酶催化活性有重要影响。

脂肪酶催化机制始于酰基化，通过催化三联体使底物羰基受到亲核攻击形成酰基-酶四面体中间体，随后释放产物并再生酶活性位点（图 3-1）。盖子结构的打开和闭合调节了活性位点的进出，这一机制被称为界面活化，对脂肪酶的活性具有重要影响。米根霉脂肪酶和人胰腺脂肪酶的三维结构首次揭示了活性位点盖子结构[12,13]。该盖子由 α-螺旋构成，具有弹性结构，能够在油水界面出现时移动，使底物接近活性位点[17-20]，这种界面活化机制解释了脂肪酶观察到的非 Michaelis-Menten 行为。在高底物浓度下，脂肪酶活性显著增加[21]，而在底物缺少时，活性位点的入口被阻断，导致酶失活。图 3-2 为打开和闭合构象的米根霉脂肪酶，盖子在其闭合构象时阻碍了底物膦酸二乙酯的进入，反之则允许底物接近活性位点。

3.2.2 混杂性机制

酶具有高特异性，但可利用单一活性位点催化多种底物（底物混杂）及不同类型反应（催化混杂），这一现象在基础科学和应用技术中都具有重要意义，但现如今人们对其机制理解还不够全面。

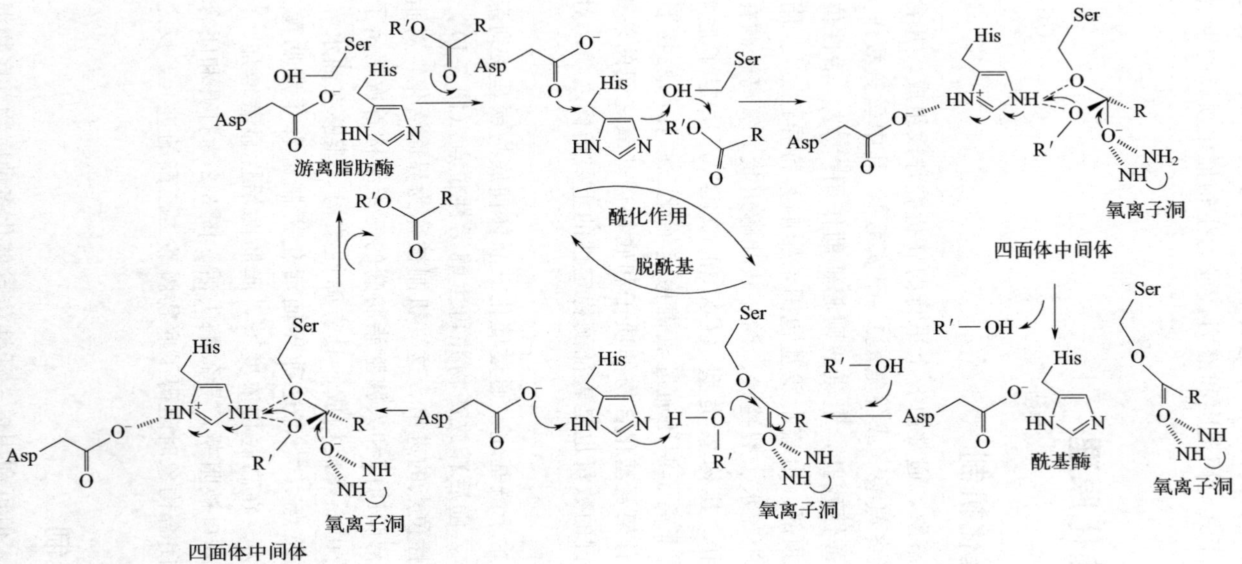

图 3-1 脂肪酶催化机理

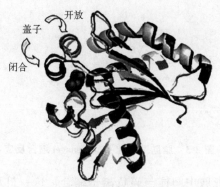

图 3-2 米根霉脂肪酶空间结构[20,21]

灰色是有膦酸二乙酯的打开构象，黑色是闭合构象

Wang 等[22] 研究了弧菌双脂肪酶/转移酶（VDLT）的底物和催化混杂性，通过解析溶藻弧菌（ValDLT）及其与脂肪酸复合物的晶体结构，发现 ValDLT 的"Ser-His-Asp"催化三联体机制包含灵活的氧阴离子孔，促进了底物和催化混杂，提出了"催化位点调整"机制，拓展了酶混杂的机制范式。

酶的混杂性在生物催化剂的设计中备受关注，例如通过量子力学或者分子力学方法研究南极假丝酵母脂肪酶的活性，对 CAL-B 进行了实验动力学测量，以了解其在次级反应中的底物混杂性及催化活性。结果表明，CAL-B 的活性受蛋白质静电作用影响，蛋白质极化并激活底物，稳定过渡态，提高了反应速率，这一结果为未来基于静电论证的生物催化剂的设计提供了指导[23]。

3.3　生物催化 Knoevenagel 缩合反应案例研究

3.3.1　脂肪酶催化底物混杂性能探究

Knoevenagel 缩合是一种变相的醛醇加成，通过活泼亚甲基与羰基化合物亲核加成，除去一个水分子，得到 α 或 β 共轭的烯酮[24,25]。Hantzsch 哌啶合成、Gewald 反应以及 Feist-Benary 呋喃合成都以 Knoevenagel 缩合作为反应的一个中间步骤（图 3-3）。在这个过程中，底物 **1** 为含羰基的醛或酮，底物 **2** 为含活泼亚甲基的化合物，例如丙二酸二乙酯、氰乙酸乙酯、丙二腈等。这些化合物的结构为 $Z_1—CH_2—Z_2$、$Z_1—CHR—Z_2$ 或 $Z—CHR_1R_2$，Z_1 和 Z_2 为吸电子基团，在有质子受体存在时，使质子解离并降低亚甲基桥的稳定性。Knoevenagel 反应的传统催化剂为弱碱性胺，而使用强碱会促使醛或酮自缩合。

存在两种机理用于解释胺的催化作用。一种机理假设胺催化剂与底物醛 **1** 形

图 3-3　脂肪酶催化 Knoevenagel 缩合反应

成 Schiff 碱，得到的亚胺中间体与碳负离子缩合，这一机理最早由 Knoevenagel 提出[24]。另一种机理（Hann-Lapworth 机制[26]）假设在碱性催化剂存在下，活泼亚甲基化合物去质子化，形成烯醇中间体，与羰基反应，生成的醛醇随后被消除。而在实际反应中，并未明确究竟是哪种机理在起作用。

一些酶能够催化 Knoevenagel 缩合反应，如猪胰腺脂肪酶[27]、酰基转移酶[28]、木瓜蛋白酶[29] 和地衣芽孢杆菌碱性蛋白酶[30] 等。脂肪酶通常催化天然脂和其他化合物中的酯键水解。迄今为止发现的所有脂肪酶在结构和功能上表现出惊人的相似性[31]。与蛋白酶、酯酶和硫酯酶一样，脂肪酶的活性位点由 Ser、His 和 Asp/Glu 残基组成。在催化过程中，Asp/Glu 的带负电荷羧基与 His 残基作用，帮助其对 Ser 去质子化[32]。高度亲核的 Ser—O—进攻甘油酯的羰基形成酰基-酶中间体，稳定在活化 Ser 附近的氧离子洞内。脱酰步骤受第二底物（如水或甲醇）的亲核性控制，反应循环终止于产物（FFAs 及其甲基酯等）的释放和催化基团的再生。

除了正常催化机理，脂肪酶还展示了催化多样性，包括形成 C—C、C—杂原子及杂原子—杂原子键的反应，以及氧化反应。例如，Li 等[33] 报道了在水相中猪胰腺脂肪酶催化酮和不同芳香醛的非对称醛醇反应。之后，该课题组又描述了苯甲醛衍生物和 β-酮酸酯之间的脱羧羟醛反应和 Knoevenagel 缩合[34]。CAL-B 的 Ser105Ala 突变体表现出对羟醛缩合和 Michael 加成反应的催化活性[35,36]。

尽管对脂肪酶催化混杂性进行了大量研究，但仍存在一些争议。例如，苯甲醛衍生物和 β-酮酸酯的缩合被认为是混杂催化[34]。但另一个课题组质疑，指出底物酯能够以传统方式被脂肪酶水解，产物在酶活性位点外自发缩合[37]，强调不加水的实验中没有发现酶催化转化，非酶催化实验提供的碱性条件下产物为酯盐而非羧酸。

为探究脂肪酶在 Knoevenagel 缩合反应中的真正催化机制，研究了不同活泼氢底物（含或不含酯键）与三种脂肪酶（猪胰腺脂肪酶、爪哇毛霉脂肪酶和解脂耶氏酵母脂肪酶 Lip2）及一些非特异催化剂（如牛血清白蛋白、乙酸钠、甲醇钠和水）。结果表明，脂肪酶确实催化该非天然反应，但不是通过传统的酯水解途径，反应主要发生在活性位点上，活化的 Ser 残基与 Knoevenagel 缩合无关[38]，其中动力学研究提供了反应速率的定量描述。

(1) 双底物催化理论

① 简单双底物反应理论

底物 A 和 B 之间的反应（浓度以 c_A 和 c_B 表示）能按照不同络合物的机理进行，通常包括简单催化剂 Y（一个溶剂分子、酸、碱等）。下面列出了一些不可逆反应及速率方程。

a. 简单碰撞机理如下：

$$A+B(+Y) \xrightarrow{k_+} P(+Y) \qquad v=k_+ c_Y c_A c_B \tag{3-1}$$

式中，k_+ 为有效碰撞的速率常数；Y 是催化剂，速率方程可以加入也可以减少的催化剂浓度为 c_Y。

b. A 与 B 以解离常数 K_{ab} 快速平衡形成络合物 AB，随后在催化剂 Y 作用下，AB 经 k_+ 控制的反应步骤转化为产物。

$$A+B \xrightleftharpoons{K} AB(+Y) \xrightarrow{k_+} P(+Y)$$

$$v=\frac{k_+ c_Y}{2}\left[c_A+c_B+K_{ab}-\sqrt{(c_A+c_B+K_{ab})^2-4c_A c_B}\right] \tag{3-2}$$

c. 催化剂 Y 和反应试剂 A、B 之间的有序碰撞分为两步，首先 Y 和 A 的有效碰撞产生了临时的络合物 AY，随后其与底物 B 发生直接碰撞：

$$A+Y \xrightleftharpoons[k_{-a}]{k_{+a}} AY+B \xrightarrow{k_{+b}} P+Y$$

$$v=\frac{k_{+a}c_A k_{+b}c_B c_{Y0}}{k_{+a}c_A+k_{+b}c_B+k_{-a}}=\frac{k_{+a}k_{+b}c_{Y0}}{\dfrac{k_{+b}}{c_A}+\dfrac{k_{+a}}{c_B}+\dfrac{k_{-a}}{c_A c_B}} \tag{3-3}$$

式中，c_{Y0} 是催化剂总浓度（$c_{Y0}=c_Y+c_A c_Y$，$c_{Y0} < c_{A0}$ 和 c_{B0}）；k_{+a}、k_{-a} 和 k_{+b} 是相应步骤的速率常数（k_{-a} 相对很小）。

相反顺序的碰撞不影响表观速率方程式(3-3) 的结果，只是改变 k_{-a} 为 k_{-b}。关于同类机理的更多细节在其他研究中可以找到[39]。

反应速率对底物浓度的依赖关系取决于反应机理。在某些情况下，如式(3-1) 所示，速率随底物浓度呈线性增长；而在其他机制（如络合物形成或有序碰撞）下，则可能随着底物浓度的增加趋于饱和，表现出典型的非线性动力学特征，见式(3-2) 与式(3-3)。

② 酶催化双底物反应理论

酶 E 催化的双底物反应能够根据配基（底物 A 和 B）结合顺序按照不同机理进行[39]。

a. 该反应的一般模型（无产物出现）如式(3-4)所示，底物结合顺序和临时络合物的出现并未指明。

$$E+A\cdots+B\cdots\Longleftrightarrow E\cdot A\cdot B\xrightarrow{k_+}P+E$$

$$v=\cfrac{V_+}{1+\cfrac{K_{mA}}{c_A}+\cfrac{K_{mB}}{c_B}+\cfrac{K_{sA}}{c_A}\times\cfrac{K_{mB}}{c_B}}\qquad V_+=k_+c_{E0}\qquad(3\text{-}4)$$

式中，v 是正向反应的初始速率；V_+ 是正向反应的最大速率；c_A 和 c_B 对应于游离底物 A 和 B 的浓度；K_{mA} 和 K_{mB} 分别是配基 A 和 B 的 Michaelis 常数；K_{sA} 是底物 A 的解离常数（经常认为是 $E+A\Longleftrightarrow EA$ 的解离常数）；k_+ 为相应的转换数，即每个活性位点单位时间可催化转化的底物分子数；c_{E0} 是活性位点 E 的总浓度。

如果由于特殊机理需要，产物的 $K_{sB}K_{mA}$ 可以替代式(3-4)中的 $K_{sA}K_{mB}$。上式中 Michaelis 常数和底物解离常数根据模型的不同也是不同的。根据拟合后的结果，式(3-4)的一般形式可以用于区别不同机理。

b. 有序结合机理（一种改变的 Theorell-Chance 模型）包括一个平衡步骤和两个稳态阶段，如式(3-5)所示。

$$E+A\underset{k_{-ea}}{\overset{K_a}{\Longleftrightarrow}}EA\underset{}{\overset{k_{+ea}}{\Longleftrightarrow}}EA+B\xrightarrow{k_{+b}}P+E$$

$$v=\cfrac{k_{+ea}k_{+b}c_{E0}}{1+\cfrac{K_a}{c_A}+\cfrac{(k_{+ea}+k_{-ea})/k_{+b}}{c_B}+\cfrac{K_ak_{-ea}/k_{+b}}{c_Ac_B}}\qquad(3\text{-}5)$$

底物 A 以快速平衡的方式结合酶，产生一个临时络合物 EA。然后，发生一个显著变慢的络合物转化（$EAH\longleftrightarrow EH^+A^-$），此过程主要向右进行。最后，亲核性低的底物 B 和活化络合物 EA 有效碰撞得到产物 P，几乎没有络合物 EAB 的形成。

除了常数的意义，式(3-5)与式(3-4)的形式是一样的。如果逆反应速率常数（k_{-ea}）相对两个其他稳态速率常数（k_{+b} 和 k_{+ea}）很小，式(3-5)分母的最后一项可以忽略。

(2) 自发、非特异性和特异性缩合反应动力学

① 脂肪酶制剂

以 10mg/mL 的脂肪酶溶液通过活性位点滴定法（使用脂肪酶自杀抑制剂 ELSI-MC）测定酶分子中活性位点的摩尔浓度，PPL、MJL 和 YlLip2 分别为 44.3μmol/L、27.4μmol/L、12.1μmol/L。PPL 的分子质量 $M_w=50$kDa（Uni-ProtKB，P00591）；MJL 除去约 0.5kDa 的碳水化合物 $M_w\approx20.5$kDa；YlLip2 除去约 5kDa 的碳水化合物 $M_w\approx34$kDa[39]。基于其蛋白质的质量估算，脂肪酶蛋白质相应的活性位点浓度为 2.2mg/mL、0.57mg/mL 和 0.41mg/mL。10mg/mL 催化剂样品的总蛋白质含量分别等于 5mg/mL（PPL）、2mg/mL

（MJL）和 0.7mg/mL（Y*l*Lip2）。产品明细表明，PPL 和 MJL 的非蛋白质成分主要为糊精，而 Y*l*Lip2 主要为发酵培养基杂质。

② 水含量对酶催化速率的影响

水是任何水解反应的必要成分（可能对苯甲醛＋氰乙酸乙酯的缩合很关键），也会影响在不同有机溶剂中大分子的 3D 结构。研究了水含量增加对（苯甲醛＋氰乙酸乙酯或苯甲醛＋丙二腈）Knoevenagel 缩合反应速率的影响，发现在所有情况下，反应进程都趋于 90%～100%，缩合过程几乎是不可逆的。

发现苯甲醛＋氰乙酸乙酯有相对很弱的自发缩合［图 3-4（a）下面的曲线］，而在苯甲醛＋丙二腈［图 3-4（b）下面的曲线］中更加明显。这是因为强吸电子基团—CN 数量的不同：底物氰乙酸乙酯含 1 个，底物丙二腈含 2 个。在随后的自发缩合动力学研究中进行了深入的讨论。

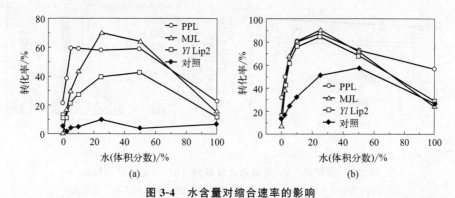

图 3-4　水含量对缩合速率的影响

（a）苯甲醛＋氰乙酸乙酯，10g/L 脂肪酶，50℃；（b）苯甲醛＋丙二腈，25℃，2.5g/L 脂肪酶
苯甲醛＋氰乙酸乙酯以 15min 转化率表示，苯甲醛＋丙二腈以 5min 转化率表示

脂肪酶（PPL、MJL 或 Y*l*Lip2）显著加速了缩合，尤其是在最适水含量的乙醇溶剂中。反应苯甲醛＋氰乙酸乙酯和苯甲醛＋丙二腈分别在 10%～50%［图 3-4（a）］、10%～25%的水中［图 3-4（b）］达到最大催化速率。可能由于底物溶解度降低，纯水溶剂中的反应速率并不高。与较短反应时间、较低酶浓度、较低反应温度的苯甲醛＋丙二腈相比，脂肪酶对苯甲醛＋氰乙酸乙酯反应的催化效率更低。

③ 水解活性的测定

确定化合物氰乙酸乙酯酯键水解的可能性。首先，在没有底物苯甲醛但有脂肪酶的条件下，检查了氰乙酸乙酯的潜在水解性。气相色谱（GC）分析表明，在 7h 的反应过程中，底物氰乙酸乙酯的含量没有变化（基于线性拟合，每小时变化率为＋1.9%±2.2%）。在碱性介质［0.1mol/L NaOH 溶于乙醇＋45%（体积分数）水中］中反应时，在 20h 内也没有引起任何变化（每小时变化率为＋0.4%±0.4%）。

如果在非缓冲溶液中发生酯的水解，pH 值预期会下降，可通过反应体系

pH 值变化来验证脂肪酶对氰乙酸乙酯的水解。在氰乙酸乙酯＋脂肪酶或苯甲醛＋氰乙酸乙酯＋脂肪酶的标准反应体系中，连续监测 40min 内的 pH 值变化。实验结果表明，pH 值并未发生显著下降（平均初始 pH 值为 5.7 ± 0.1，平均变化率为每小时变化 $+0.23\pm0.1$），见图 3-5(a)。相比之下，向苯甲醛＋氰乙酸乙酯＋酶的反应体系中添加乙酸引起了非常显著的 pH 值下降［图 3-5(a)］。这说明，即使仅有 0.1％的氰乙酸乙酯（0.375mol/L）发生水解，也足以导致 pH 值下降一个单位。在进行 pH 值实际测量时，在无乙酸的条件下反应依然顺利进行，40min 后转化率达到 75％～90％。因此，在当前实验条件下，氰乙酸乙酯并未发生明显水解，且其水解并非高效催化苯甲醛＋氰乙酸乙酯之间 Knoevenagel 缩合所必需的。

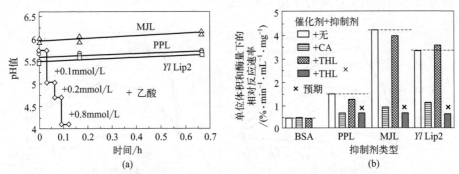

图 3-5 脂肪酶（a）水解活性验证与（b）抑制剂作用比较

40min 内苯甲醛＋氰乙酸乙酯＋脂肪酶以及苯甲醛＋氰乙酸乙酯＋脂肪酶＋乙酸体系中 pH 值的变化，按标准反应条件配比

④ 反应特异性的测定

通过对比牛血清白蛋白（BSA）与抑制剂处理的脂肪酶的催化行为来评估脂肪酶对 Knoevenagel 缩合反应的催化特异性。所用抑制剂包括竞争性配体咖啡酸（CA）和共价修饰剂氢化立普妥（THL）。CA 可占据脂肪酶活性位点，阻碍底物的接近[40]；THL 是可特异性修饰脂肪酶活性丝氨酸残基的不可逆抑制剂[41]。测定结果如图 3-5(b) 所示，扣除溶剂自发修饰的干扰，得到蛋白质相关的速率，以 1mg/mL 的蛋白质标准化。结果显示，BSA 存在时苯甲醛＋氰乙酸乙酯反应速率很慢且不受抑制剂影响，而脂肪酶在催化效率上的明显优势表明脂肪酶活性位点的重要性。CA 显著降低了所有脂肪酶的催化活性，以 MJL 和 YlLip2 为甚。THL 对酶促 Knoevenagel 缩合的速率影响甚微，但显著抑制了 pNPB 水解活性，表明脂肪酶中的 Ser 残基被成功修饰［见图 3-5(b) 中标记为×预期的柱状图］。

此外，实验还发现，非特异性催化剂 BSA 以及不含胺官能团的极性溶剂对 Knoevenagel 缩合也具有一定促进作用（图 3-5）。为进一步探明这种非酶因素的潜在作用机制，后续以两种无胺型有机盐进行实验验证。

⑤ 非特异性缩合

乙酸钠和甲醇钠作为不能形成席夫碱中间体的简单催化剂可用于催化 Kno-evenagel 缩合（表 3-1）。相比甲醇钠，乙酸钠更适用于催化苯甲醛＋氰乙酸乙酯的缩合反应。这一结果表明，即使在无典型活性基团的条件下，简单盐类也能有效催化该反应，从而提示可能参与该反应的蛋白质残基类型不限于胺类位点。

表 3-1　简单催化剂催化的缩合反应

反应	乙酸钠 0.041mol/L	甲醇钠 0.062mol/L	无催化剂（对照）
苯甲醛＋氰乙酸乙酯	68.4%	28.4%	8.4%
苯甲醛＋丙二腈	26.6%	74.0%	18.7%

注：反应条件为无水乙醇，25℃，反应 5min。

表 3-1 结果还显示，乙酸钠和甲醇钠均显著加速了苯甲醛与氰乙酸乙酯或丙二腈的缩合反应，尽管加速程度不同。在上述反应条件下，这些催化过程并不经过席夫碱中间体。结合已有结果，我们推测，具有中性条件下呈现负电或亲核性的蛋白质残基（如 Asp、Glu 的羧基以及 Ser 的羟基）时该物质可能具备非特异性的催化潜力。BSA 的实验结果亦支持该观点，其虽不具有专一酶活性，仍表现出一定程度的促进作用［图 3-5(b)］。但如果以 1mg 蛋白量的活性进行比较，酶的催化活性要远远优于 BSA，同时实验也表明了竞争性抑制剂 CA 可以显著抑制酶活性（抑制后的酶活性和非特异性蛋白质的催化水平相当）。另一方面，针对 Ser 的特异性共价修饰剂 THL 尽管明显抑制了脂肪酶的活性，但对 Knoevenagel 缩合反应几乎没有影响，这表明 Ser 残基本身并非该反应的关键催化基团，而真正发挥催化作用的可能是活性位点中的其他残基或微环境。其他研究者在研究 CAL-B 的 Ser105Ala 突变体时也得出了类似的结论，在醛醇和 Michael 加成反应中该突变体显示出增强的活性[35,36]。但也存在差异性，例如在非水介质（环己烷）中，固定化野生型 CAL-B 经磷酸酯修饰后其对己醛的醛醇加成活性由于 Ser 残基被甲基对硝基苯基 n-己基磷酸酯修饰而显著下降[40]。而在本研究体系中，THL 对 PPL、MJL 和 YlLip2 的类似修饰对 Knoevenagel 缩合并无抑制作用[图 3-5(b)]，进一步支持了本研究对反应位点及机制的判断。

⑥ 乙醇-水中的自发缩合

在乙醇-水极性溶液中有明显的自发缩合，尤其在苯甲醛和丙二腈体系中，如图 3-4(b) 所示。为了更好地理解酶非特异性催化特性，需要剔除背景非特异性自发缩合的干扰。因此对该过程进行动力学测定。

图 3-6 为分别在无水乙醇与 45%（体积分数）乙醇-水混合溶剂中测定苯甲醛（底物 B）与丙二腈（底物 A）之间自发缩合反应速率和底物浓度的 3D 图。不同于简单碰撞机理，两种体系都表现出饱和动力学行为，符合更复杂的机制模型。拟合曲线可由式(3-2) 或者两步稳态机制［式(3-3)］推导，但由于式(3-2) 所代表的底物 A 和 B 间临时络合物的形成缺乏直接物理依据，因此不予采用。

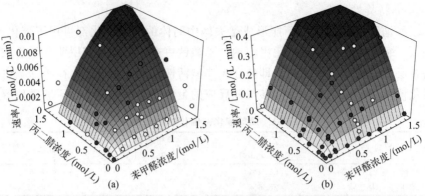

图 3-6　苯甲醛（底物 B）和丙二腈（底物 A）的自发缩合（25℃）

对反应速率与底物浓度作图。图（a）为无水乙醇中的反应，式(3-3)拟合得到如下最适参数
$y_0 = (0.0064 \pm 0.002) \text{mol/L}$，$k_{+a} = (3.1 \pm 0.4) \text{mol}/(\text{L} \cdot \text{min})$，$k_{-a} \approx (0.3 \pm 0.01) \text{min}^{-1}$，
$k_{+b} = (3.0 \pm 0.4) \text{L}/(\text{mol} \cdot \text{min})$。图（b）为含水（45%，体积分数）乙醇中的反应。

最佳拟合参数为 $y_0 = (0.16 \pm 0.05) \text{mol/L}$，$k_{+a} = (6.6 \pm 0.7) \text{L}/(\text{mol} \cdot \text{min})$，

$k_{-a} \approx (0.46 \pm 0.45) \text{min}^{-1}$，$k_{+b} = (5.0 \pm 0.4) \text{L}/(\text{mol} \cdot \text{min})$，$R^2 = 0.942$

根据稳态机理 [式(3-3)]，催化的发生可以理解为：第一步，活泼亚甲基化合物丙二腈（写为 a_3H）和活化溶剂分子（Y）产生了一个临时络合物，使得质子从 a_3H 转移到 Y 且形成一个离子络合物 $YH^+ \cdot a_3^-$；同时发生第二步，醛基化合物（底物 b）和 $YH^+ \cdot a_3^-$ 碰撞（导致它们发生结合并去除水），该过程速率常数（k_{+b}）反映了带负电荷的丙二腈和醛的正电荷部分反应碰撞的频率。

拟合结果见图 3-6，极性更强的乙醇-水混合溶剂能有效提升"催化型"溶剂分子的浓度，并且略微增大了反应速率常数。

通常认为 Knoevenagel 缩合需要胺（或亚胺）催化[24,25]。而已有文献数据以及本实验结果表明，当亚甲基化合物包含强吸电子基团（如—CN）时，仅极性溶剂本身就可促使其反应[41]。例如，苯甲醛和麦德龙酸（具有高度游离质子的亚甲基桥）在室温纯水中亦可发生自发缩合[41]。纯乙醇和乙醇-水混合溶剂均能增强自发缩合（图 3-4 和图 3-7）。苯甲醛＋丙二腈的反应速率快很多，因为丙二腈中 H^+ 更加活泼（丙二腈、氰乙酸乙酯的 pK_a 分别为 11、13）。对比无水乙醇以及纯水，最适水含量下能显著促进苯甲醛＋丙二腈的缩合 [图 3-4(b) 最低的曲线]。具催化活性的无水乙醇浓度接近 0.0064mol/L（或 0.04%），如图 3-6(a) 所示，这部分"活性"溶剂显然具有更高的偶极矩，足以从丙二腈中抽取质子并启动其与苯甲醛的缩合。加入水显著提高了"活性"溶剂的表观浓度及各反应步骤的速率常数，如图 3-6(b) 所示。但由于乙醇-水体系复杂的分子间氢键网络，难以对其催化活性进行直接结构解析。因此，所拟合出的催化活性溶剂浓度值（0.16mol/L）可以归因于单分子及其缔合态在内的混合物理化学作用结果。

⑦ 脂肪酶特异性缩合

在最适含水量的乙醇-水体系中（PPL 为 0 或 5％，MJL 和 YlLip2 为 45％），分别对三种脂肪酶催化苯甲醛与氰乙酸乙酯缩合反应进行了动力学分析。结果显示，反应速率与酶浓度呈线性关系，表明不存在酶聚集或传质限制等干扰因素。此外，使用 YlLip2 在无水乙醇和含 45％水的乙醇体系中进一步分析了苯甲醛＋丙二腈的缩合反应。通过排除自发缩合背景后，获得了真实的酶催化速率，并将实验数据以底物浓度为变量进行了三维速率分析（图 3-7），包括三种酶在最适水含量下对苯甲醛＋氰乙酸乙酯缩合［图 3-7(a)(b)(c)］以及 YlLip2 对苯甲醛＋丙二腈缩合 ［图 3-7(d)］的催化特性，实验数据通过二维函数拟合［式(3-4)和式(3-5)］，具体数据结果见表 3-2。这些方程都不考虑反应开始时产物的存在。而水（既是产物也是参与催化构象的介质）是速率常数的隐性因素，在不同酶和底物体系中的影响不一。例如，PPL 在含 H_2O 和不含 H_2O 情况下催化苯甲醛＋氰乙酸乙酯反应时，其速率常数变化不大，而 YlLip2 催化苯甲醛＋丙二腈反应时，含水体系催化效率显著上升。

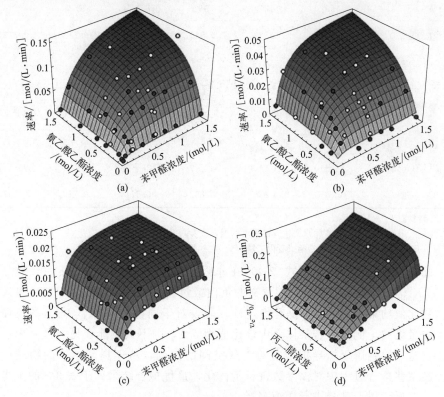

图 3-7　乙醇中酶催化缩合苯甲醛和氰乙酸乙酯或者丙二腈

反应条件为：(a) PPL，底物苯甲醛＋氰乙酸乙酯加入 5％水，50℃；(b) MJL，底物苯甲醛＋氰乙酸乙酯加入 45％水，50℃；(c) YlLip2，底物苯甲醛＋氰乙酸乙酯加入 45％水，50℃；

(d) YlLip2，底物苯甲醛＋丙二腈加入 45％水，25℃

表 3-2　脂肪酶催化 Knoevenagel 缩合动力学数据

酶 添加剂 反应	PPL $-H_2O$ 苯甲醛+ 氰乙酸乙酯	PPL $+H_2O$ 苯甲醛+ 氰乙酸乙酯	MJL $+H_2O$ 苯甲醛+ 氰乙酸乙酯	YlLip2 $+H_2O$ 苯甲醛+ 氰乙酸乙酯	YlLip2 $-H_2O$ 苯甲醛+ 丙二腈	YlLip2 $+H_2O$ 苯甲醛+ 丙二腈
c_{E0}/(mol/L)	4.43×10^{-5}	4.43×10^{-5}	2.74×10^{-5}	1.21×10^{-5}	3.02×10^{-6}	3.02×10^{-6}
图	—	图 3-7(a)	图 3-7(b)	图 3-7(c)	—	图 3-7(d)
式(3-4)						
V_+/[mol/(L·min)]	0.16	0.34	0.080	0.023	0.23	→4000
K_{mA}/(mol/L)	0.94	0.58	0.60	0.036	6.4	→2000
K_{mB}/(mol/L)	0.55	0.81	0.29	0.10	7.6	0.54
K_{sA}/(mol/L)	0.014	-0.009	0.026	0.17	-0.015	→1300
k_+/s^{-1}①	60	127	49	34	1270	→∞
R^2(adj.)	0.793	0.822	0.859	0.673	0.713	0.777
式(3-5)						
K_a/(mol/L)	0.9 ± 0.5	0.5 ± 0.2	1.0 ± 0.2	0.05 ± 0.02	1.0 ± 0.7	0.06 ± 0.04
k_{+ea}/s^{-1}	45 ± 20	68 ± 22	50 ± 18	15 ± 3	122 ± 79	1800 ± 4200
k_{-ea}/s^{-1}	$\leqslant0.05k_{+ea}$②	$\leqslant0.05k_{+ea}$②	$\leqslant0.02k_{+ea}$②	$\approx0.2k_{+ea}$	$\approx0.2k_{+ea}$	$\approx1.0k_{+ea}$
k_{+b}/[L/(mol·s)]	81 ± 10	102 ± 9	87 ± 7	138 ± 16	128 ± 0.5	390 ± 37
R^2(adj.)	0.797	0.820	0.852	0.674	0.712	0.767

① 转换数 $k_+ = V_+/c_{E0}$。
② k_{-ea} 从所列值到 0 的变化只提供有限程度的拟合改善。
注：底物为苯甲醛和氰乙酸乙酯或者丙二腈。

此外，表 3-2 也揭示了式(3-4) 在非限定拟合的不稳定性，某些参数（如 K_{sA}、K_{mB}）可能出现不具物理意义的负值或过大值，因此采用式(3-5)引入速率常数比值约束 k_{-ea}/k_{+ea} 提升稳定性。假设对于同种酶，k_{-ea}/k_{+ea} 的值在同一个数量级内。例如，若某体系中该比值为 0.1，则不太可能在另一体系中达到 1000。这一原则用于指导拟合时对参数空间的限制，从而提高结果的物理可信度。在某些拟合过程中对该参数进行了优化，最优拟合结果列于表 3-2 的下半部分，并在后续讨论部分进行详细解释。

胺不是仅有的可以促进 Knoevenagel 缩合的简单催化剂，文献中也有很多关于离子液体、固体金属盐和有机金属笼应用的例子。一个特殊的例子是在四氮杂环十二烷溶液中，对硝基苯甲醛与乙腈以及乙酰乙酸锂发生的缩合反应。由于在水中有微量的乙酰乙酸（R—COOH）形成，该反应被认为是酸催化反应。但当溶剂完全由碱性试剂混合时，结果为 $H_2O+R—COO^-+Li^+\longrightarrow OH^-+R—COOH+Li^+$，其中 $R—COO^-$ 和 OH^- 作为乙酰乙酸亚甲基桥的质子受体。

由于苯甲醛＋丙二腈反应中存在明显的自发缩合现象［图 3-4(a)，图 3-6］，在分析酶催化反应时需要排除这一干扰因素。相比之下，在苯甲醛＋氰乙酸乙酯反应中，自发缩合现象不明显。蛋白质催化动力学的影响因素包括脂肪酶活性位点（主要作用）和非特异性残基（次要作用）的影响，因为无法精确区分这两种反应机制，所以需要分析每种酶的混杂催化速率。

尽管氰乙酸乙酯具有可水解的酯键，研究首次证实，脂肪酶催化 Knoevenagel 缩合机理不依赖其酯酶活性。例如，在不含苯甲醛仅与脂肪酶反应的体系中，或通过 pH 监测反应进程均未发现氰乙酸乙酯水解现象［图 3-5(a)］，并且另一个底物（丙二腈）不会发生水解，进一步排除该干扰。因此，脂肪酶的确对该类缩合反应表现出非传统的混杂催化行为。

His224（CAL-B）被认为是醛醇缩合的主要碱性残基[42]，考虑到乙酸钠表现出的催化活性，CAL-B 的 Asp134（位于活性位点 Ser105 前面的右边）也可能提供催化残基。当 pH>5 时，Asp134 残基被解离，提供一个可以提取质子的碱性基团 $R—COO^-$。

这三种脂肪酶催化苯甲醛＋氰乙酸乙酯的反应动力学常数差异不大，PPL 最高［k_+ 对应式(3-4)，表 3-2］。然而，如果按照每毫克蛋白质的标准，PPL 催化效率优势则不那么显著。反之，MJL 以原来 40% 的蛋白质量即可达到相当的活性位点构建效率，说明其更为经济高效。不同脂肪酶对于底物浓度（苯甲醛＋氰乙酸乙酯）的响应曲线也存在差异。底物浓度在 $0\sim0.5$ mol/L 范围内，Yl Lip2 对反应速率敏感，但越过此浓度范围后，速率趋于饱和［图 3-7(c)］。PPL 和 MJL 呈持续上升的趋势［图 3-7(a) 和 (b)］，说明 Yl Lip2 更易达到底物饱和。

以脂肪酶 Yl Lip2 为例，对比反应苯甲醛＋氰乙酸乙酯和苯甲醛＋丙二腈，发现丙二腈的去质子化很快，尤其是在较低的反应温度（25℃而非 50℃）下。在乙醇-水溶液中去质子化步骤更快（表 3-2 最后一列）。如果和 EH^+ a_2^-（a_2 表示氰乙酸乙酯）比较，在第二稳态阶段苯甲醛和络合物 EH^+ a_3^- 之间的有效碰撞频率也很高。总之，对比氰乙酸乙酯，丙二腈更强的质子酸性加快了反应速率。

3.3.2 核酸催化反应动力学机理

RNA 和 DNA 传统上被视为遗传信息的载体，但是 Tarasow 等人[42] 发现了 RNA 可以催化 C—C 键形成的反应。Jäschke 课题组发现一种可催化 Diels-

Alder 反应形成蒽共轭物的核酶[43,44]。尽管化学组成和结构不同于蛋白酶，但核酶同样可以特异性作用于底物和产物[45]，通过构象变化调整活性中心[46]，并在协同因子作用下被进一步激活[47]。Michaelase 代表了另一例核酶，可以催化C—C 键形成的反应[48]。类似地，无论 DNA 蒽共轭物还是结合铜络合物都能加速 Diels-Alder 反应[49,50]。基于 DNA 自组装的不对称催化剂对于大量 C—C 键或者 C—杂原子键的形成具有高度的对映体选择性。例如，DNA 作为催化剂已经成功应用于 Diels-Alder 反应[51]、Henry 反应[52] 和 Michael[53] 反应，以及最近发现鲑鱼精 DNA（st-DNA）复合铜络合物可以催化 Michael 加成反应[54-56]。核苷酸中包含多种功能基团，包括核糖（或脱氧核糖）、磷酸以及碱基。这些基团可以形成氢键、金属配位、π-π 相互作用等，从而促进寡核苷酸的催化功能或赋予其酶活性。例如 Izquierdo 等人发现 st-DNA 对 Michael 加成反应的催化活性与核苷酸结构密切相关[55]。

Knoevenagel 缩合反应在药物中间体合成中具有重要意义[24]，常见碱性催化剂如哌啶[57]、氨基酸[58]、酶[27,28] 被广泛使用。已有研究报道，芳香醛和丙二腈可以被中性氨基酸盐（如 Lys·HCl）催化。有趣的是在无催化剂情形下，丙二腈亚基可在水中自发发生 Knoevenagel 缩合[59,60]。

从生理学视角来看，Knoevenagel 缩合反应的潜在生物相关性也受到关注。体内多种反应在中性 pH（约 7.0）下进行，丙二醛和某些烷酮是来自脂肪酸氧化的次级代谢产物，其与醛类的缩合导致人体内有毒化合物的产生。核苷酸和氨基酸作为温和条件下酶形成的前体，是生物化学进化的基础[43,61]，因此有研究探索了中性 RNA/DNA 作为催化剂影响 Knoevenagel 缩合的潜能。使用乙醇-水混合溶剂作为反应介质增加底物溶解度，并对一系列底物进行了广谱分析，大量的动力学研究有助于对催化剂进行更精确的定量比较[62]。

3.3.3 核酸催化动力学研究方法

① 核酸盐与脂肪酶、中性氨基酸盐的催化活力对比

在反应体系中，商业化冻干形式的 DNA/RNA 基本没有催化活性（4h 时产率为 3%）。当核苷酸通过 NaOH 或者碱性氨基酸（L-赖氨酸、L-精氨酸、L-组氨酸）中和到 pH7.0 时，反应速率显著提高。产率同猪胰腺脂肪酶（PPL，一种非常适用于 Knoevenagel 缩合反应的酶），以及 pH 中性的氨基酸盐（Arg·HCl 和 Lys·HCl）相当（图 3-8）。而按氨基酸摩尔浓度归一化进行比较，Arg·DNA 和 Lys·DNA 的催化活性略低于 Arg·HCl 和 Lys·HCl。另外，NaCl 本身不具备催化活性，说明寡聚核苷酸中和处理后催化活性的提高和离子强度无关（图 3-8）。

② 核酸盐以及脂肪酶底物催化范围的比较

中性 DNA/RNA 盐的催化能力通过具有不同取代基的底物进行测定，并将

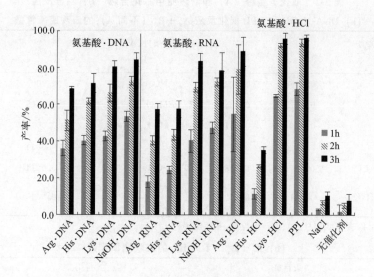

图 3-8　DNA、RNA 和 HCl-氨基酸盐的催化活力

催化剂用量：用 Arg/His/Lys/NaOH 配制 pH7.0 的 10g/L DNA/RNA 中和盐；

0.0188mol/L Arg·HCl，0.0608mol/L His·HCl，0.026mol/L Lys·HCl，

0.0212mol/L NaCl（按 DNA 盐中相应组分 Arg、His、Lys 和 NaOH 等物质的量配制 HCl 盐；

10g/L PPL。DNA 代表粗的寡聚核苷酸（<50bp，降解的）。

反应条件：0.2mol/L 苯甲醛，0.3mol/L 氰乙酸乙酯，加入 4% 水的乙醇溶剂，40℃，500r/min

结果同 PPL 进行比较（表 3-3）。相比给电子基团，吸电子基团取代的中性盐促使芳香醛（A_x）羰基亲核中心更加活泼，表现出更高的催化速率。表观速率常数 k_{app} 列于表 3-3，反应 $A_4 + B_0$（条目 4）得到最高值，而 $A_6 + B_0$（条目 6）最低。不同取代基对反应活性的影响可通过 Hammett 方程分析，该方程描述了取代基常数（σ）与反应速率常数之间的线性自由能关系[63,64]。DNA 片段钠盐及 PPL 催化对位取代苯甲醛和氰乙酸乙酯缩合反应的 Hammett 方程如图 3-9 所示。DNA 和 PPL 的 σ 和速率常数的对数比 $\lg(k/k_0)$ 之间均未呈现理想的线性相关性[65]，说明 DNA/PPL 并不完全遵循简单的电子效应调控机制，可能涉及暂时络合物的形成和解离过程。除了一些偶然偏差，DNA/PPL 催化反应的速率常数对数比 $\lg(k/k_0)$ 随 σ 的增加而增加（图 3-9）。前面 Lys 及 Lys·HCl 催化反应的研究中得到类似结果[59]。这种差异可能源于位阻效应，即底物与 DNA 或 PPL 等具有三维结构催化剂结合效率的差异，DNA·NaOH 催化反应有效底物结合顺序不同于 Lys、Lys·HCl 或 PPL。另一方面，第二底物（亚甲基化合物 B_x）中吸电子基团同样提升反应速率［表 3-3(b)］[59]。反应 $A_0 + B_1$（条目 1）得到最大反应速率。

表 3-3　取代芳香醛（A）和活泼亚甲基化合物（B）缩合反应

(a) DNA-NaOH 和 PPL 催化反应 A_x+B_0（不同 A）的表观速率常数

条目(A_x) R1	k_{DNA}/min^{-1}	k_{PPL}/min^{-1}	条目(A_x) R1	k_{DNA}/min^{-1}	k_{PPL}/min^{-1}
无	0.0060	0.0122	6　p-N(CH$_3$)$_2$	0.0003	0.0030
1　p-CN	0.0273	0.0981	7　p-MeO	0.0005	0.0128
2　p-NO$_2$	0.0494	0.0277	8　o-MeO,p-MeO	0.0012	0.0210
3　p-Cl	0.0320	0.0295	9　p-CF$_3$	0.0034	0.0190
4　o-Cl,p-Cl	0.0575	0.0981	10　p-CH$_3$	0.0014	0.0025
5　p-phCH$_2$O	0.0013	0.0084	11 （反式肉桂醛结构）[①]	0.0040	0.0084

① 条目 11 是反式肉桂醛底物，不与 R$_1$ 基团连接。

(b) A_0+B_x（不同 B）的表观速率常数

条目(B_x)	k_{DNA}/min^{-1}	k_{PPL}/min^{-1}
0　R$_2$＝—CN,R$_3$＝—COOEt(pK_a13.1)	0.0038	0.0090
1　R$_2$＝R$_3$＝—CN(pK_a11.1)	0.0450	0.0799
2　R$_2$＝R$_3$＝—COOEt(pK_a16.4)	0.00003	0.00002

注：$k_{app}=-\lg(A_t/A_0)/t$，t 表示时间。催化剂为 50mg DNA-NaOH 或 PPL，在 5mL 反应混合物中，40℃。

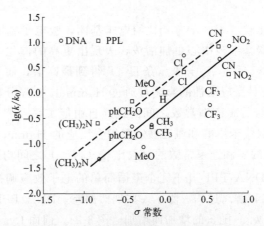

图 3-9　DNA 钠盐和 PPL 催化的对位取代苯甲醛和氰乙酸乙酯 Knoevenagel 缩合的 Hammett 图
反应条件同表 3-3

③ 核酸碱基组成以及高级结构对反应催化的影响

核苷酸的催化潜能本质上取决于其碱基组成[65,66]。通过模拟不同 A-dT（A-U）和 C-G 比例的核苷酸混合物，发现反应速率随 C-G 含量增加而增加（图 3-10）[67]，很可能因为 C-G 碱基对中胺/亚胺基团更强的电子效应。

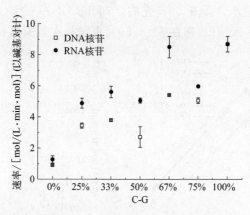

图 3-10　核苷碱基对催化活力同 C-G 浓度的关系［模拟不同比例的 A-dT（A-U）和 C-G］

一般反应条件：0.055mmol 碱基对混合物，0.24mol/L 苯甲醛，

0.36mol/L 氰乙酸乙酯，加 4% 水的乙醇，2h 以内，40℃，500r/min

分析单独核苷的催化活性，胞苷活性最高，其次是胸苷和鸟苷（表 3-4）。在适当质子化条件下，核苷环上的氮原子 N_1 和 N_3 可作为广义酸或碱催化剂[68]。研究表明，降解的 DNA（粗寡聚核苷酸，<50bp）同样具备广义酸碱催化的功能。且由于 DNA 部分降解，核酸盐经碱性溶液中和处理后制备，加之催化实验需要较高的反应温度（40℃或 50℃），因而 DNA 盐基本上不以双链的形式（单链或无规则结构）存在。长链 DNA 分子（700bp）中非配对的碱基较少，但是出现的"发卡"和"十字"结构可能为底物提供额外结合位点。推测催化的分子机制可能与底物结合时的官能团（如 $R—NH_2$、R—OH 和 R—C＝O）参与过渡态形成有关。两个底物的紧密相邻或其电子云密度的去稳定化，可能引发自发缩合，这种现象在类似反应中较为常见。

表 3-4　单核苷 A、U、C、G 和 dT 的活性

单核苷	$V/[mol/(L \cdot min \cdot mol)]$（以单核苷计）
U	0.68
C	1.48
A	0.56
G	0.74
dT	0.90

注：一般反应条件为 0.35mmol 单核苷（U—尿苷、C—胞苷、A—腺苷、G—鸟苷、dT—胸苷），0.2mol/L 苯甲醛，0.3mol/L 氰乙酸乙酯，乙醇中加入 4% 水，40℃，500r/min。

水在维持高效催化方面起着重要的作用，因为合适的水/乙醇比例有利于底物溶解[58]［图 3-11（a）］，并且水化程度还会影响核苷酸碱基的质子化状态以及其三维构象。对于不同催化剂，其最适水含量不同［图 3-11（b）］。例如，DNA

（＜50bp）/RNA 最适水含量在 50％左右，700bp DNA・NaOH 在 5％～25％处得到最大反应速率，而 PPL 则在 5％～50％更宽含水范围内有最大反应速率。

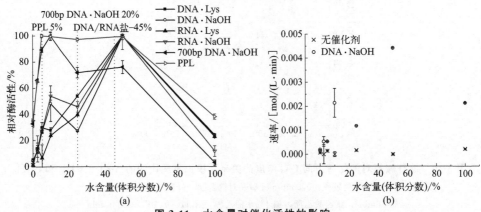

图 3-11　水含量对催化活性的影响

（a）40mg DNA（RNA）・Lys，DNA（RNA）・NaOH，700bp DNA・NaOH，PPL；

（b）DNA・NaOH 对比无催化剂条件下的反应速率

反应条件：0.2mol/L 苯甲醛，0.3mol/L 氰乙酸乙酯，不同水含量的乙醇溶剂，30min 以内，40℃，500r/min

　　光谱分析是检查底物和催化剂间特殊相互作用的有效工具。如图 3-12（a）所示，DNA・NaOH＋A 的紫外光吸收谱的强度和峰位移明显不同于 DNA・NaOH，表明形成了稳定的 DNA・NaOH-A 复合物，而 DNA・NaOH＋B 和 DNA・NaOH 的谱图变化较小，表明催化剂 DNA・NaOH 和底物 A、B 的结合模式差异明显。同理，如图 3-12（b）所示，催化剂 RNA・NaOH 同 DNA・NaOH 一样，对底物 A、B 分别有不同的作用方式。

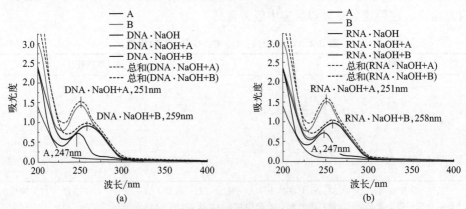

图 3-12　催化剂（a）DNA・NaOH，（b）RNA・NaOH 和底物
A 和 B 的紫外光吸收谱（彩图见书末彩插）

　　底物 A 或 B 与 DNA・NaOH 或 RNA・NaOH 的相互作用机制，可通过监测

固有荧光光谱变化来表征。可以观察到底物 A 的荧光变化发生在 0～0.6mmol/L 浓度范围内，而底物 B 的荧光变化发生在 0～1mmol/L 浓度范围内（图 3-13），表明两者可分别独立与催化剂结合，不需要另一物质的存在。通过 Stern-Volmer 方程分析在不同温度下猝灭剂浓度对荧光猝灭的函数响应（表 3-5 和图 3-13）。在同样温度下，DNA·NaOH 和 RNA·NaOH 都表现出对底物 A 较 B 更大的猝灭常数，并且该常数随温度升高而减小，表明 A 和催化剂间基态络合物的形成。DNA·NaOH（K_{sv} 随温度增高而降低）和 RNA·NaOH（K_{sv} 随温度增高而增高）对底物 B 表现出不同的荧光猝灭行为，表明前者是静态猝灭而后者属于动态猝灭。也说明在不同底物-催化剂组合体系中，相应的分子相互作用模式可能发生显著改变。以上测定与紫外-可见光（UV-Vis）光谱分析结果一致，底物 A 和 B 与催化剂产生不同的相互作用模式，可能与它们分子结构之间的差异相关。

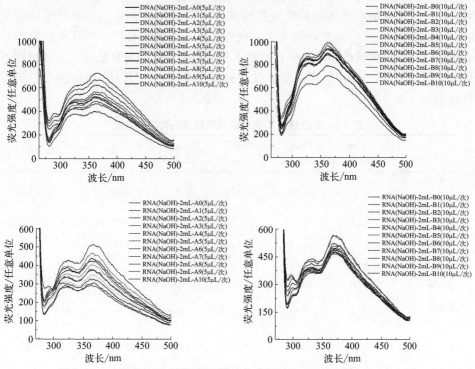

图 3-13　对应表 3-5，45℃ 时底物 A/B 和 DNA·NaOH（RNA·NaOH）之间的荧光猝灭（彩图见书末彩插）

表 3-5　不同温度下底物 A/B 和 DNA·NaOH、RNA·NaOH 之间 Stern-Volmer 猝灭常数[①]

	T/K	$K_{sv}(A)\pm SD/(\times 10^4 L/mol)$	$K_{sv}(B)\pm SD/(\times 10^4 L/mol)$
DNA·NaOH	298	1.03±0.02	0.065±0.003
	308	0.87±0.06	0.046±0.04

	T/K	$K_{sv}(A)\pm SD/(\times 10^4 L/mol)$	$K_{sv}(B)\pm SD/(\times 10^4 L/mol)$
DNA·NaOH	318	0.65 ± 0.05	0.035 ± 0.03
	333	0.55 ± 0.04	0.027 ± 0.03
RNA·NaOH	298	0.87 ± 0.02	0.013 ± 0.003
	308	0.69 ± 0.03	0.029 ± 0.006
	318	0.63 ± 0.06	0.095 ± 0.009
	333	0.45 ± 0.05	0.266 ± 0.017

① 利用 Stern-Volmer 方程得到了 Stern-Volmer 猝灭常数：$F_0/F=1+K_{sv}[Q]$；其中 F_0 和 F 分别表示不存在和存在猝灭剂情况下的稳态荧光强度，K_{sv} 是 Stern-Volmer 猝灭常数，$[Q]$ 是猝灭剂的浓度。

④ 核酸盐催化动力学及机理分析

然而必须注意的是，荧光分析虽可用于探测催化剂与单一底物之间的结合行为，但无法准确揭示催化剂和双底物间的协同作用和结合顺序。特别是在催化剂/A/B 共存时，反应可能已经发生。此外，单一底物参与反应所获得的数据并不能充分揭示催化剂的作用机制。因此，应重点研究底物结合机理，并且比较不同催化剂如 DNA/RNA 与脂肪酶 PPL、氨基酸盐 Lys·HCl 对反应催化性能的影响差异（表 3-6）。

表 3-6 相应快速平衡随机结合机理的动力学常数

项目	700bp DNA·NaOH	DNA·NaOH	DNA·Lys	RNA·NaOH	RNA·Lys	Lys·HCl	PPL[①]
V_{max}/[mol/(L·min)]	0.182	0.042	0.034	0.030	0.035	0.225	0.32
$K_{sA}/(mol/L)$	≤0.03	0.037	0.039	0.111	0.124	0.364	≤0.07
$K_{sB}/(mol/L)$	≤0.04	0.060	0.049	0.177	0.110	0.271	≤0.05
$K_{mA}/(mol/L)$	1.02	0.463	0.317	0.239	0.374	1.93	0.707
$K_{mB}/(mol/L)$	1.36	0.750	0.397	0.380	0.334	1.440	0.50
催化剂浓度/(mol/L)[②]	0.014	0.028	0.021	0.027	0.021	0.250	2.6×10^{-5}
k_+/min^{-1}	13.35	1.500	1.619	1.119	1.658	0.899	≈12300
R^2(adj.)	0.822	0.934	0.817	0.898	0.824	0.894	0.813

① PPL 的拟合参数存在不确定性，K_{sA} 在 $(0.07\sim1)\times10^{-5}$ mol/L 范围内的变化对 R^2 影响不大。

② 催化剂浓度根据不同催化剂的分子数量设定，包括 DNA 和 RNA 链中的单个核苷酸，Lys·HCl 中的单个 Lys，以及完整的 PPL 分子。

注：1. 各参数的相对标准误差：$\pm0.53V_{max}$，$\pm2.3K_{sA}$，$\pm2.2K_{sB}$，$\pm0.84K_{mA}$，$\pm0.84K_{mB}$。

2. K_{sB} 值根据 $K_{sA}/K_{mA}=K_{sB}/K_{mB}$ 评估。

3. R^2（adj.）为根据模型参数调整后的决定系数。

4. 反应条件：50℃，乙醇溶剂中的最佳水浓度。

数据的拟合采用了参数最全面的双底物反应通式，见式(3-6)[39,40]。

$$v = \frac{V_{\text{max}}}{1 + \dfrac{K_{\text{mA}}}{c_{\text{A}}} + \dfrac{K_{\text{mB}}}{c_{\text{B}}} + \dfrac{K_{\text{sA}}}{c_{\text{A}}} \times \dfrac{K_{\text{mB}}}{c_{\text{B}}}} \qquad V_{\text{max}} = k_+ c_{\text{E0}} \qquad (3\text{-}6)$$

式中，K_{mA} 和 K_{mB} 分别对应于底物 A 和 B 的 Michaelis 常数；K_{sA} 是底物 A 的解离常数；c_{A} 和 c_{B} 对应于游离底物 A 和 B 的浓度；V_{max} 是最大反应速率。此外，V_{max} 可由 c_{E0}（催化剂 E 的总浓度）和 k_+（转换数，即每单位活性位点单位时间能够转化的反应物分子数量）表示。

该方程式(3-6)广泛适用于快速平衡随机结合机制或者稳态有序结合机制。部分拟合参数较小，说明可能存在分母项抵消的情况，也提示可能存在其他机制，如快速平衡有序结合、乒乓机理等。实验数据以初始速率对底物 A 或 B 浓度函数的三维图（图3-14）呈现，经过计算，最佳拟合结果列于表3-6，并根据测定参数的决定系数 R^2 评估拟合的接近程度。

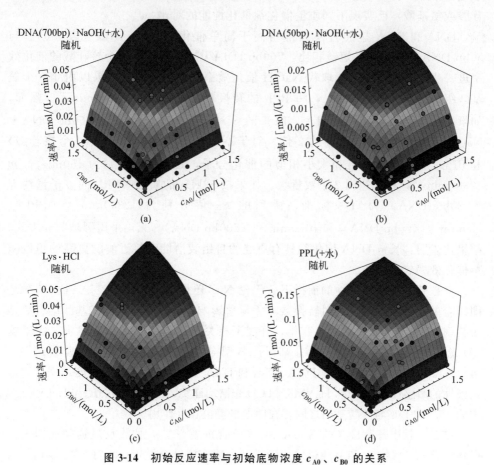

图 3-14　初始反应速率与初始底物浓度 c_{A0}、c_{B0} 的关系

（a）DNA（700bp）· NaOH；（b）DNA（<50bp）· NaOH；（c）Lys · HCl；（d）PPL

表 3-6 中的参数均为合理数值，未出现趋于 0 或是负数，因此支持采用随机结合模型。该模型假设底物 A 与 B 无序结合催化剂 E，形成三元复合物（例如，A·E·B，E 代表催化剂）。在此过程中一个底物的结合可能会抑制另一个底物的结合（例如，$K_{sA} < K_{mA}$），说明 A 和 B 可能竞争结合催化剂上相同或邻近位点。该机制也可被视为一种稳态有序结合的变体，其过程涉及多个稳态步骤，而非快速平衡有序结合。在本研究中，目的并非精确定义催化机制，而是将动力学分析作为量化工具以比较不同催化体系的关键参数特征。

评估复杂催化剂的一个重要参数是转换数 k_+ 或 k_{cat}（等于 V_{max}/c_{E0}）。如果活性位点浓度（c_{E0}）难以准确测定时，k_+ 的含义就无法明确。通常假设每个催化剂分子仅含一个活性位点，但对多核苷酸链或大分子催化剂，该假设可能显著低估实际催化能力。例如，10bp DNA 的 k_+ 比相同质量的 1bp DNA 的 k_+ 高 10 倍，因为 $c_{E0}(1bp)/c_{E0}(10bp) = 10$，尽管每个碱基对的催化效能可能一致，在缺乏活性位点精确信息的情况下，通常将催化活性归一化于每个结构单元，如核苷酸或氨基酸，已实现不同质量催化剂催化性能的对比。

DNA 和 RNA 盐的转换数都略高于简单催化剂 Lys·HCl（表 3-6）。与 50bp DNA·NaOH 的短链相比，700bp DNA·NaOH 中的每个核苷酸的催化效率进一步提高，而用 Lys 取代 NaOH 催化效率变化不显著。如果以由 450 个氨基酸组成的酶分子计算 k_+，酶 PPL 的转换数最高，约为 12300min^{-1}。然而，如果以单个氨基酸为单位归一，PPL 的 k_+ 降至 27min^{-1}，仅比 700bp DNA·NaOH 单个核苷酸的 k_+ 高约 2 倍。对于不大于 50bp DNA（<100 个核苷酸）和 PPL，即两种复杂性和大小相似的催化分子，其转换数分别为 150min^{-1} 和 12300min^{-1}，相差达到 2 个数量级。如果按 52kDa 的质量（PPL 的分子量约等于 80bp DNA）为归一标准，得到的 k_+ 值分别为 12300min^{-1}（PPL）、120min^{-1}（50bp DNA）和 1070min^{-1}（700bp DNA）。无论采用哪种归一方式，结果均表明：长链 DNA 催化剂具有更强的自组装潜能和接近酶的更高的单位质量催化效率。

在核苷酸保持电中性的前提下，无论 Na$^+$ 还是可与 DNA/RNA 链上磷酸基团结合的碱性氨基酸，其对转换数均无显著影响。为进一步验证氨基酸结合后是否会引起 DNA/RNA 的构象变化，开展了相关光谱实验[65]。研究发现：①根据 CD 光谱，所有的 DNA/RNA 盐都保持 B 型构象，而 RNA 有轻微的蓝移；②当溶解在 55％乙醇或水中时，DNA·Lys 和 DNA·Arg 的荧光发射强度增强，对溶剂极性的敏感性降低；③^{1}H NMR 和 CD 光谱均证实，DNA·NaOH 和 DNA·Lys 中的 Na$^+$ 和 Lys 与磷酸基团之间存在明显的静电相互作用。

结合文献中普遍接受的 Knoevenagel 缩合机理[57,58]，假设反应途径如图 3-15 所示。首先，底物 A 和 B 通过快速随机结合或有序结合机理［均符合式(3-1)］与催化剂 E 形成三元复合物 A·E·B。由于两个底物在催化剂表面空间位置十分接近，彼此结合可能存在一定的排斥或位点竞争（因为 $K_{mA} > K_{sA}$）。随后，氰乙酸乙酯中的活泼质子转移到催化剂（如 DNA/RNA 盐）上，形成稳定的烯醇型共轭碳负离子中间体。另一个底物苯甲醛接受质子，并同时与该中间体结合。形成新的 C—C 键。最后，Knoevenagel 加成物从催化剂上释放。另一种可能的动力学过程［也符合式（3-1）］认为：亚甲基化合物（B）首先与催化剂暂时络合，然后发生质子转移过程，并与苯甲醛直接碰撞（相互作用非常弱，甚至没有络合物形成）发生缩合。对比这两类反应路径所涉及的动力学特征，有助于深入理解不同类型催化剂（如酶、核酸盐）在 Knoevenagel 缩合反应中的行为差异，并为进一步的催化机制探索提供借鉴。

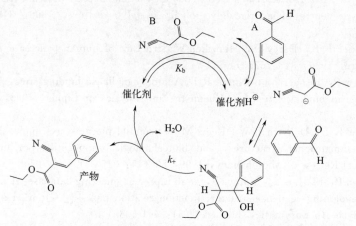

图 3-15　DNA/RNA 盐催化 Knoevenagel 缩合反应的可能循环机理

参考文献

［1］　Akai S，Kita Y. Recent progress on the lipase-catalyzed asymmetric syntheses ［J］. Journal of Synthetic Organic Chemistry Japan，2007，65（8）：772-782.

［2］　Kapoor M，Gupta M N. Lipase promiscuity and its biochemical applications ［J］. Process Biochemistry，2012，47（4）：555-569.

［3］　Ding Y，Huang H，Hu Y. New progress on lipases catalyzed C—C bond formation reactions ［J］. Chinese Journal of Organic Chemistry，2013，33（5）：905-914.

［4］　Zhao Z Y，Zhang L，Li F X，et al. A novel oxidation of salicyl alcohols catalyzed by lipase ［J］. Catalysts，2017，7（12）：354.

［5］　Dwivedee B P，Soni S，Sharma M，et al. Promiscuity of lipase-catalyzed reactions for organic synthesis：a recent update ［J］. ChemistrySelect，2018，3（9）：2441-2466.

［6］　Sarmah N，Revathi D，Sheelu G，et al. Recent advances on sources and industrial applications of lipases ［J］. Biotechnology Progress，2018，34（1）：5-28.

［7］　Brahmachari G. Chapter 13-Lipase-catalyzed organic transformations：a recent update ［J］. Biotechnology of Microbial Enzymes（Second Edition），2023，9：297-321.

[8] Vallikivi I, Lille Ü, Lookene A, et al. Lipase action on some non-triglyceride substrates [J]. Journal of Molecular Catalysis B: Enzymatic, 2003, 22 (5-6): 279-298.

[9] Bornscheuer U T, Kazlauskas R J. Catalytic promiscuity in biocatalysis: using old enzymes to form new bonds and follow new pathways [J]. Angewandte Chemie International Edition, 2004, 43 (45): 6032-6040.

[10] Miao Y F, Rahimi M, Geertsema E M, et al. Recent developments in enzyme promiscuity for carbon—carbon bond-forming reactions [J]. Current Opinion in Chemical Biology, 2015, 25: 115-123.

[11] Schmid A, Dordick J S, Hauer B, et al. Industrial biocatalysis today and tomorrow [J]. Nature, 2001, 409 (6817): 258-268.

[12] Brady L, Brzozowski A M, Derewenda Z S, et al. A serine protease triad forms the catalytic centre of a triacylglycerol lipase [J]. Nature, 1990, 343 (6260): 767-770.

[13] Winkler F K, Darcy A, Hunziker W. Structure of human pancreatic lipase [J]. Nature, 1990, 343 (6260): 771-774.

[14] Jürgen P, Fischer M, Schmid R D. Anatomy of lipase binding sites: The scissile fatty acid binding site [J]. Chemistry and Physics of Lipids, 1998, 93 (1-2): 67-80.

[15] Jaeger K E, Dijkstra B W, Reetz M T. Bacterial biocatalysts: molecular biology, three-dimensional structures, and biotechnological applications of lipases [J]. Annual Review of Microbiology, 1999, 53 (1): 315-351.

[16] Jürgen P, Markus F, Marcus P, et al. Lipase engineering database: Understanding and exploiting sequence-structure-function relationships [J]. Journal of Molecular Catalysis B: Enzymatic, 2000, 10 (5): 491-508.

[17] Brzozowski A M, Savage H, Verma C S, et al. Structural origins of the interfacial activation in *Thermomyces* (*Humicola*) lanuginosa lipase [J]. Biochemistry, 2000, 39 (49): 15071-15082.

[18] Derewenda Z S, Derewenda U. Relationships among serine hydrolases-evidence for a common structural motif in triacylglyceride lipases and esterases [J]. Biochemistry and Cell Biology, 1991, 69 (12): 842-851.

[19] Grochulski P, Li Y, Schrag J D, et al. Insights into interfacial activation from an open structure of *Candida rugosa* lipase [J]. Journal of Biological Chemistry, 1993, 268 (17): 12843-12847.

[20] Grochulski P, Li Y, Schrag J D, et al. Two conformational states of *Candida rugosa* lipase [J]. Protein Science, 1994, 3 (1): 82-91.

[21] Reis P, Holmberg K, Watzke H, et al. Lipases at interfaces: A review [J]. Advances in Colloid and Interface Science, 2009, 147-148 (c): 237-250.

[22] Wang C Y, Liu C S, Zhu X C, et al. Catalytic site flexibility facilitates the substrate and catalytic promiscuity of Vibrio dual lipase/transferase [J]. ACS Catalysis, 2002, 12 (5): 4985-4995.

[23] Tawfik Dan S, Olga K S. Enzyme promiscuity: a mechanistic and evolutionary perspective [J]. Annual Review of Biochemistry, 2010, 79 (1): 471-505.

[24] Knoevenagel E. Ueber eine darstellungsweise der glutarsaure [J]. European Journal of Inorganic Chemistry, 1894, 27 (2): 2345-2346.

［25］ Smith M B，March J. March's Advanced organic chemistry：reactions，mechanisms，and structure ［M］3rd ed. New York：Wiley-Interscience，2006.

［26］ Hann A C O，Lapworth A. Ⅶ.-Optically active esters of β-ketonic and β-aldehydic acids. Part Ⅳ. Condensation of aldehydes with menthyl acetoacetate ［J］. Chemical Communications，1904，85：46-56.

［27］ Lai Y F，Zheng H，Chai S J，et al. Lipase-catalysed tandem Knoevenagel condensation and esterification with alcohol cosolvents ［J］. Green Chemistry，2010，12 （11）：1917-1918.

［28］ Liu Z Q，Liu B K，Wu Q，et al. Diastereoselective enzymatic synthesis of highly substituted 3，4-dihydropyridin-2-ones via domino Knoevenagel condensation-Michael addition-intramolecular cyclization ［J］. Tetrahedron，2011，67 （50）：9736-9740.

［29］ Hu W，Guan Z，Deng X，et al. Enzyme catalytic promiscuity：The papain-catalyzed Knoevenagel reaction ［J］. Biochimie，2012，94 （3）：656-661.

［30］ Xie B H，Guan Z，He Y H. Biocatalytic Knoevenagel reaction using alkaline protease from *Bacillus licheniformis* ［J］. Biocatalysis and Biotransformation，2012，30 （2）：238-244.

［31］ Schmid R D，Verger R. Lipases：interfacial enzymes with attractive applications ［J］. Angewandte Chemie-International Edition，1998，37 （12）：1608-1633.

［32］ Dodson G，Wlodawer A. Catalytic triads and their relatives ［J］. Trends in Biochemical Sciences，1998，23 （9）：347-352.

［33］ Li C，Feng X W，Wang N，et al. Biocatalytic promiscuity：the first lipase-catalysed asymmetric aldol reaction ［J］. Green Chemistry，2008，10 （6）：616-618.

［34］ Feng X W，Li C，Wang N，et al. Lipase-catalysed decarboxylative aldol reaction and decarboxylative Knoevenagel reaction ［J］. Green Chemistry，2009，11 （12）：1933-1936.

［35］ Branneby C，Carlqvist P，Hult K，et al. Aldol additions with mutant lipase：analysis by experiments and theoretical calculations ［J］. Journal of Molecular Catalysis B：Enzymatic，2004，31 （4-6）：123-128.

［36］ Wang N，Zhang W，Zhou L H，et al. One-Pot lipase-catalyzed aldol reaction combination of in situ formed acetaldehyde ［J］. Applied Biochemistry and Biotechnology，2013，171 （7）：1559-1567.

［37］ Evitt A S，Bornscheuer U T. Lipase CAL-B does not catalyze a promiscuous decarboxylative aldol addition or Knoevenagel reaction ［J］. Green Chemistry，2011，13 （5）：1141-1142.

［38］ Li W N，Li R，Yu X，et al. Lipase-catalyzed Knoevenagel condensation in water-ethanol solvent system. Does the enzyme possess the substrate promiscuity？ ［J］. Biochemical Engineering Journal，2015，101：99-107.

［39］ Raghavendra M P，Kumar P R，Prakash V. Mechanism of inhibition of rice bran lipase by polyphenols：a case study with chlorogenic acid and caffeic acid ［J］. Journal of food science，2007，72 （8）：E412-E419.

［40］ Hadváry P，Lengsfeld H，Wolfer H J. Inhibition of pancreatic lipase in vitro by the covalent inhibitor tetrahydrolipstatin ［J］. Biochemical Journal，1989，256 （2）：357-361.

［41］ Branneby C，Carlqvist P，Magnusson A，et al. Carbon—Carbon bonds by hydrolytic enzymes [J]. Journal of the American Chemical Society, 2003, 125 (4): 874-875.

[42] Tarasow T M, Tarasow S L, Eaton B E. RNA-catalysed carbon—carbon bond formation [J]. Nature, 1997, 389 (6646): 54-57.

[43] Seelig B, Andres Jäschke. A small catalytic RNA motif with Diels-Alderase activity [J]. Cell Chemical Biology, 1999, 6 (3): 167-176.

[44] Stuhlmann F, Jäschke A. Characterization of an RNA active site: interactions between a Diels-Alderase ribozyme and its substrates and products [J]. Journal of the American chemical society, 2002, 124 (13): 3238-3244.

[45] Wombacher R, Jaeschke A. Probing the active site of a dielsalderase ribozyme by photoaffinity cross-linking [J]. Journal of the American Chemical Society, 2008, 130 (27): 8594-8595.

[46] Helm M, Petermeier M, Ge B, et al. Allosterically activated dielsalder catalysis by a ribozyme [J]. Journal of the American Chemical Society, 2005, 127 (30): 10492-10493.

[47] Sengle G, Eisenführ A, Arora P S, et al. Novel RNA catalysts for the Michael reaction [J]. Cell Chemical Biology, 2001, 8 (5): 459-473.

[48] Boersma A J, Klijn J E, Feringa B L, et al. DNA-based asymmetric catalysis: sequence-dependent rate acceleration and enantioselectivity [J]. Journal of the American Chemical Society, 2008, 130 (35): 11783-11790.

[49] Li Y, Wang C, Jia G, et al. Enantioselective Michael addition reactions in water using a DNA-based catalyst [J]. Tetrahedron, 2013, 69 (32): 6585-6590.

[50] Sun G, Fan J, Wang Z, et al. A novel DNA-catalyzed aldolreaction [J]. Synlett, 2008 (16): 2491-2494.

[51] Fan J M, Sun G J, Wan C F, et al. Investigation of DNA as a catalyst for Henry reaction in water [J]. Chemical Communications, 2008 (32): 3792-3794.

[52] Rosa M D, Marino S D, Strianese M, et al. Genomic salmon testes DNA as a catalyst for Michael reactions in water [J]. Tetrahedron, 2012, 68 (14): 3086-3091.

[53] Dijk E W, Boersma A J, Feringa B L, et al. On the role of DNA in DNA-based catalytic enantioselective conjugate addition reactions [J]. Organic & Biomolecular Chemistry, 2010, 8 (17): 3868-3873.

[54] Megens R P, Roelfes G. DNA-based catalytic enantioselective intermolecular oxa-Michael addition reactions [J]. Chemical Communications, 2012, 48 (51): 6366-6368.

[55] Izquierdo C, Luis-Barrera J, Fraile A, et al. 1,4-Michael additions of cyclic-β-ketoesters catalyzed by DNA in aqueous media [J]. Catalysis Communications, 2014, 44: 10-14.

[56] Kuzemko M A, Van Arnum S D, Niemczyk H J. A green chemistry comparative analysis of the syntheses of (E)-4-cyclobutyl-2-[2-(3-nitrophenyl) ethenyl] thiazole, ro 24-5904 [J]. Organic Process Research & Development, 2007, 11 (3): 470-476.

[57] Li Y, Chen H, Shi C, et al. Efficient one-pot synthesis of spirooxindole derivatives catalyzed by L-proline in aqueous medium [J]. Journal of Combinatorial chemistry, 2010, 12 (2): 231-237.

[58] Li W N, Fedosov S N, Tan T W, et al. Naturally occurring alkaline amino acids

function as efficient catalysts on Knoevenagel condensation at physiological pH: A mechanistic elucidation [J]. Applied Biochemistry and Biotechnology, 2014, 173: 278-290.

[59] Bigi F, Conforti M L, Maggi R, et al. Clean synthesis in water: uncatalysed preparation of ylidenemalononitriles [J]. Green Chemistry, 2000, 2 (3): 101-103.

[60] Kruger K, Grabowski P J, Zaug A J, et al. Self-splicing RNA: autoexcision and autocyclization of the ribosomal RNA intervening sequence of Tetrahymena [J]. Cell, 1982, 31 (1): 147-157.

[61] Guerrier-Takada C, Gardiner K, Marsh T, et al. The RNA moiety of ribonuclei-cease P is the catalytic subunit of the enzyme [J]. Cell, 1983, 35 (3): 849-857.

[62] Li W, Fedosov S N, Tan T, et al. Kinetic insights of dna/rna segment salts catalyzed knoevenagel condensation reaction [J]. Acs Catalysis, 2014, 4 (9): 3294-3300.

[63] Hansch C, Loe A, Taft R W. A survey of Hammett substituent constants and resonance and field parameters [J]. Chemical Reviews, 1991, 91: 165-195.

[64] Jose A C, Juan M C, Garcia A, et al. Knoevenagel condensation in the heterogeneous phase using aluminum phosphate-aluminum oxide as a new catalyst [J]. Journal of Organic Chemistry, 1984, 49: 5195-5197.

[65] Brackett D M, Dieckmann T. Aptamer to ribozyme: the intrinsic catalytic potential of a small RNA [J]. ChemBioChem, 2006, 7 (5): 839-843.

[66] Park S, Ikehata K, Watabe R, et al. Deciphering DNA-based asymmetric catalysis through intramolecular Friedel-Crafts alkylations [J]. Chemical Communications, 2012, 48 (84): 10398-10400.

[67] Rosati F, Arnold J B, Jaap E K, et al. A kinetic and structural investigation of DNA-based asymmetric catalysis using first-generation ligands [J]. Chemistry—A European Journal, 2009, 15 (37): 9596-9605.

[68] Nakano S, Chadalavada D M, Bevilacqua P C. General acid-base catalysis in the mechanism of a hepatitis delta virus ribozyme [J]. Science, 2000, 287 (5457): 1493-1497.

第4章
糖苷酶基础及应用研究

4.1　糖苷酶概述

　　β-葡萄糖苷酶作为一类关键酶，广泛存在于多种生物体系中，其中微生物来源的 β-葡萄糖苷酶因其独特的理化性质、可控的发酵生产能力及易于基因工程改造的优势，已成为研究和工业应用的热点[1]。随着绿色循环经济的推广，利用废弃物发酵生产 β-葡萄糖苷酶已成为一种流行趋势。通过优化发酵条件、纯化工艺及催化体系设计，可有效提高其酶活性和产量。此外，酶固定化、基因重组策略和全细胞催化体系的应用，极大增强了 β-葡萄糖苷酶的催化效率和稳定性[2]。本章概述了 β-葡萄糖苷酶的来源、结构特性、工业应用、面临的挑战及未来发展前景，为相关研究提供理论基础和实践参考。

4.2　糖苷酶生产与分类

　　β-葡萄糖苷酶是一类重要的工业生物催化剂，广泛应用于生物燃料、食品饮料加工以及功能活性物质的合成等领域。在实际生产中，常采用微生物发酵手段通过遗传工程改造和生物资源挖掘技术优化菌株，以提高 β-葡萄糖苷酶的产量和性能（图 4-1）[3]。其中酶的下游处理过程中，纯化和固定化是提升其工业稳定性和重复利用率的关键环节。此外，蛋白质工程和全细胞催化策略被用于提高酶的催化活性，以适应食品加工、生物能源和医药制造等多领域的应用需求。本节将简要探讨 β-葡萄糖苷酶的生产工艺与发展策略，并对其常见分类体系进行概述，以期为其高效应用与结构功能研究提供理论支持。

4.2.1　糖苷酶生产技术

（1）高产酶的筛选
　　β-葡萄糖苷酶最早从苦杏仁提取物中分离获得。在植物中，该酶参与细胞壁发育、植物激素激活和植物次生代谢物的信号转导。在哺乳动物中，该酶从人类肝脏、牛瘤胃和牛肝等组织中分离出来[4-6]，尤以酸性 β-葡萄糖苷酶在神经系统糖脂（如葡萄糖基神经酰胺）水解中的作用最为突出。

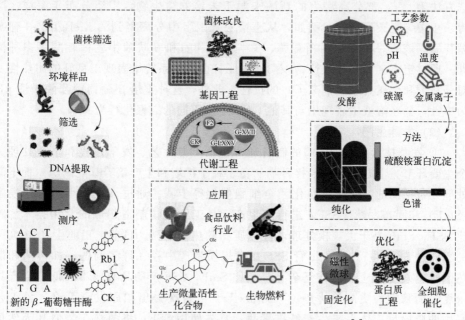

图 4-1 β-葡萄糖苷酶产率与效率提升策略及应用[3]

相比植物或动物来源，通过发酵生产的微生物 β-葡萄糖苷酶具有易于大规模生产、产率高、底物特异性强和催化活性多样等显著优势，现已成为工业生产的主要来源。当前商业化酶制剂大多来源于苦杏仁或黑曲霉，后者因具备公认安全（GRAS）资格且代谢产物无毒被广泛用于 β-葡萄糖的工业发酵。此外，其他高产菌株还包括来自芽孢杆菌属、木霉属、青霉属、酿酒酵母属及克鲁维酵母属的多种真菌与酵母菌。可用于 β-葡萄糖苷酶生产的微生物不仅可从自然栖息地（珊瑚、海洋微藻、土壤等）中筛选，也可从人造生态系统（如食品加工废水、发酵残渣）中富集分离。

除了从植物、动物和微生物中获取 β-葡萄糖苷酶的传统方法外，近年来，以高通量测序和生物勘探技术为核心的新酶筛选方式日益受到重视。当前，通过富集环境资源、通过组学分析快速发掘新型高性能酶已成为主流趋势。生物勘探主要依赖于宏基因组学及其和其他组学（包括转录组学、蛋白质组学、基因组学和代谢组学等）多组技术的整合应用。宏基因组学包括功能导向型和序列导向型两类，其中序列导向型宏基因组测序可提供丰富的微生物遗传信息，以预测未知酶的功能。随着计算生物学的发展，众多生物信息学工具在新酶探索中发挥关键作用。例如，dbCAN2 服务器可自动识别和分类与碳水化合物代谢相关的酶[7]。

计算机生物勘探步骤包括数据库搜索、同源比对、结构预测等，用于快速发现潜在的新酶基因。高通量筛选平台也大幅提升了 β-葡萄糖苷酶高产菌株的筛选效率，如基于微滴的微流控筛选系统，以及基于荧光标记的流式细胞仪超高通量筛选方法等[8,9]。部分高潜力的新酶来源于未培养微生物，广泛分布于海洋、瘤胃、土壤等复杂环境中。例如，从土壤宏基因组中分离得到的 MeBglD2 β-葡萄糖苷酶，该酶兼具 β-葡萄糖苷酶、β-半乳糖苷酶和 β-呋喃半乳糖苷酶等多种活性。通过定点突变工程改造，该酶在大肠杆菌表达系统中表现出良好的耐热性及对葡萄糖和金属离子（铜离子）的抗性。此外，这种重组 β-葡萄糖苷酶最适 pH 为中性，并在溶液中表现出与其他 GH1 家族不同的二聚化行为。

（2）发酵生产

① 发酵技术。微生物酶的制备通常包括上游工艺、发酵过程和下游处理三个主要环节。上游工艺涵盖接种物制备、种子扩增和生产培养基配制等，而下游处理则包括酶的纯化、固定化和全细胞催化等步骤。通过微生物细胞深层发酵（SmF）和固态发酵（SSF）进行酶生产，是工业生物制造领域的常用技术。相比 SSF，SmF 易于大规模处理，且传质和散热效率高。目前，工业生产中 90% 的酶通过 SmF 生产[10]。尽管 SSF 在大规模生产中存在许多问题，如传质和散热困难，发酵反应器设计复杂等，相比 SmF，SSF 产酶具有成本较低，且产物浓度、酶稳定性更高等优势。Viesturs 等[11] 首次提出顺序发酵策略。该工艺采用两阶段反应体系来生产纤维素酶：首先使用 SSF，将菌株在类似其天然栖息地的固体基质上培养，然后转移到 SmF 中继续繁殖，从而进行高效产酶。与单一 SSF 或 SmF 相比，顺序发酵具有较高的生物转化率、酶产量和水解活性。

② 发酵条件的优化。微生物发酵过程中，发酵温度、初始 pH 值、接种量、营养素（碳源、氮源）、水分含量、底物类型和粒度、底物预处理和投料策略等因素都对 β-葡萄糖苷酶的产量和酶活性具有显著影响。微生物生长繁殖离不开碳源和氮源。碳源是微生物细胞需求量最大的元素，为微生物的生存提供了碳骨架。氮源则参与氨基酸、DNA、RNA 和蛋白质的生物合成。通过研究不同的碳源，发现在 2% 小麦麸皮和 0.8% 乳糖的培养基中，嗜热篮状菌能产生高达（8.5±0.28）U/mL 的 β-葡萄糖苷酶[10]。大多数 β-葡萄糖苷酶的活性受金属离子的影响，其中 Ag^+ 和 Hg^{2+} 是强效抑制剂。近年来，响应面法用于优化发酵条件，从新型杂色曲霉中生产 β-葡萄糖苷酶。结果表明，KCl 抑制了酶的生产，优化后酶的最高产量达 812.86U/mL，是对照组的 14.4 倍[12]。

温度是影响微生物生长和存活的重要因素。当温度为最适温度时，微生物生长最为旺盛，酶的产量也最高。研究人员研究了温度对几种商用 β-葡萄糖苷酶活性的影响。商用纤维素酶 Celluclast® 1.5L 在 pH4.8、60℃、反应 3h 的条件下仍可以保持 >50% 的酶活性，而 Lallzyme Beta 和 Pectinex BE XXL 在相同条件下分别能保留 56％和 48％的初始酶活性[13]。生长介质的 pH 值影响菌体的生长状态，进而影响酶的产量和活性。β-葡萄糖苷酶的来源和氨基酸序列决定其最适 pH 值和稳定范围。大多数 β-葡萄糖苷酶的最佳 pH 值在 4.0～7.5 之间，稳定性则可维持在 pH4.0～9.0 之间。接种量是另一个影响酶产量的重要参数，接种量适中时，酶的产量达到高峰。过多的接种量会限制微生物的空间生长状态和营养物质的吸收。此外，当接种量过少时，会导致底物资源的浪费及发酵进程延迟，不利于酶的生产。在固态发酵生产 β-葡萄糖苷酶过程中，接种量更被视为关键变量。此外，潜伏期长短也会影响发酵介质中营养物的消耗，从而影响酶的产量。随着潜伏期延长，微生物逐渐适应环境，其酶产量逐渐增加直至最大值。然而，在营养物消耗殆尽后，酶产量下降，这可能是因为微生物将先前合成的酶用作营养底物分解利用。

氧气对大多数微生物的生长和代谢物的形成至关重要。因此，在需氧发酵过程中维持适宜的通气速率是提高产酶量的重要因素之一。在固态发酵系统中，研究了以农业废弃物为培养基时，通风速率对变色栓菌产纤维素酶的影响规律。在低通风条件下生产的 β-葡萄糖苷酶产量比自然对流和高通风条件下的高[14]，提示适度限制气体交换可能有利于酶的积累。培养基优化是影响酶生产的另一关键因素。底物组成、微量元素和重金属离子的种类和浓度均会影响 β-葡萄糖苷酶的表达水平。发酵过程中的工艺参数可以通过田口（Taguchi）设计、Box-Behnken 设计、响应面方法（RSM）等统计方法进行调整，以提高发酵产酶效率和酶活性水平。

③ 酶的纯化。β-葡萄糖苷酶可存在于细胞内或细胞外。通常，GH3 家族主要分泌细胞外酶，而 GH1 家族则多为细胞内酶。酶通常从粗酶液中纯化以提高活性与稳定性，细胞外酶可通过离心或过滤从发酵液中直接回收；细胞内酶则需要采用超声破碎等方法来裂解细胞，然后通过离心得到粗酶液。因为酶蛋白的多样性与复杂性，纯化过程通常需要结合多种分离技术。传统纯化方法包括硫酸铵沉淀、透析和色谱技术（疏水相互作用色谱、离子交换色谱和凝胶过滤色谱等），近年来还出现了包括免疫亲和纯化、反向胶束系统、双水相系统（ATPS）和两水相浮选法（ATPF）等新型纯化策略[15]，可显著提高目标酶的选择性与回收效率。

④ 纯化或部分纯化 β-葡萄糖苷酶的表征。对酶的性质、结构及其适用性进行系统表征，是实现其高效应用的关键步骤。表 4-1 列出了纯化或部分纯化的微生物来源 β-葡萄糖苷酶的关键生化特性。

⑤ 热稳定性。在工业生物过程中，热稳定的酶更具优势，因为其在较高温度下的反应速率和催化效率相对较高。目前，在温泉、土壤和浴室等多种环境中均已发现嗜热 β-葡萄糖苷酶。这种热稳定的酶可以承受相对苛刻的工艺条件，在较高温度下保持较强的水解活性，同时可降低微生物污染风险。

表 4-1 纯化或部分纯化微生物 β-葡萄糖苷酶的生化特性

微生物	酶	最适 pH	最适温度/℃	稳定性较好对应的 pH 范围	温度稳定性（相对活性或半衰期 $t_{1/2}$）	抑制剂	参考文献
微球杆菌 ALW1	MaGlulA (GH1)	4.5	40	4.0~5.0	40℃,30min,34.0% 45℃,30min,3.4%	Zn^{2+}、Cu^{2+}、Al^{3+}、Fe^{3+}、二硫苏糖醇(DTT)、β-巯基乙醇(β-ME)、甘露醇、麦芽糖、α-乳糖、蔗糖	[16]
嗜热圆锥网球菌	Dtur β Glu(GH1)	5.4	80	5.0~8.0	90℃,80min,80% 70℃,2h,70% 80℃,2h,50%	Cu^{2+}、Co^{2+}、Mn^{2+}、Zn^{2+}	[17]
马来西亚芽孢杆菌	BglD5 (GH1)	7.0	65	6.0~7.5	65℃,35min,100%	Fe^{3+}、Ni^{2+}、Co^{2+}、Zn^{2+}、Cu^{2+}、Mn^{2+}	[43]
枯草芽孢杆菌	Bgl(GH1)	6.0	60	n.m.	60℃,1h,>85% 70℃,1h,40%	Cu^{2+}、As^{3+}、Li^+、Pb^{2+}、Ni^{2+}、Co^{2+}、Ba^{2+}、Hg^{2+}	[18]
烟曲霉 JCM 10253	β-葡萄糖苷酶	5.0	60	4.0~9.0	60℃,1h,100%	Hg^{2+}、K^+、Na^+、Zn^{2+}、Ba^{2+}、Co^{2+}、Cd^{2+}、十二烷基硫酸钠(SDS)、苯甲基磺酰氟(PMSF)、尿素、DTT、乙二胺四乙酸(EDTA)、钠、叠氮化物	[19]
糖溶性热厌氧杆菌	TsaBgl	6.0	55	n.m.	50℃,70min,91% 70℃,70min,12%	Cu^{2+}、Zn^{2+}、Cd^{2+}、Fe^{2+}	[20]
哈茨木霉	Bgl3HB	4.0	50	3.0~5.0	50℃,240min,90%	—	[21]
脱氧杆菌 DT3-1	DT-Bgl	8.5	70	6.5~9.0	60℃,$t_{1/2}=24h$	吐温-20、吐温-80、Fe^{3+}、Ni^{2+}、Co^{2+}、Zn^{2+}、Mn^{2+}	[22]
耐热微球菌 DAU221	MtBgl85 (GH3)	7.0	50	3.0~10.0	50℃,1h,48%	Hg^{2+}、Cu^{2+}	[23]

微生物	酶	最适pH	最适温度/℃	稳定性较好对应的pH范围	温度稳定性（相对活性或半衰期 $t_{1/2}$）	抑制剂	参考文献
荚膜甲基球菌	MBgl (GHl)	6.0	70	6.0~8.0	70℃，$t_{1/2}=10min$	SDS	[24]
南极极端微杆菌 B7	EaBgllA (GH1)	7.0	30	6.0~9.0	48℃，$t_{1/2}=30h$	SDS、Cu^{2+}、Zn^{2+}、Fe^{3+}	[25]
温泉宏基因组	BglM	5.0~6.0	50	5.0~7.0	50℃，40h，80%，60℃，$t_{1/2}=30h$	Li^+、Co^{2+}、Zn^{2+}、SDS、无规聚苯乙烯（APS）	[26]
绵羊瘤胃宏基因组	PersiBgl1	8.0	40	6.0~10.0	40℃，48h，80%	Cu^{2+}、Fe^{2+}	[27]
李氏菌 ZF2019	Bgl1973 (GH3)	7.0	50	6.0~7.5	<40℃，1h，80%	Zn^{2+}、Cu^{2+}、吡啶、乙醇、异丙醇、甲醇、乙腈	[28]

注："n. m.""—"表示参考文献中未提及。

⑥ 最适 pH 及其稳定性。大多数 β-葡萄糖苷酶的最适 pH 值在 4.0~7.5 之间，且在 pH4.0~9.0 范围内具有良好的稳定性。酶的稳定性取决于其来源和氨基酸序列。

⑦ 底物特异性和催化效率。pNPG 是评估 β-葡萄糖苷酶活性的首选底物。据报道，阿布汀（对苯二酚-β-D-吡喃葡萄糖苷）、七叶树素和 4-甲基伞形酮 β-D-吡喃葡萄糖苷（4-MUG）都可以用作替代底物。其中，由于 4-MUG 具有高灵敏度、良好稳定性和便于检测，被认为是最适宜的底物之一。

⑧ 糖和盐的耐受性。β-葡萄糖苷酶的活性常受到葡萄糖、木糖和其他还原性糖的反馈抑制，尤其是水解产物葡萄糖的积累。大多数 β-葡萄糖苷酶的抑制常数 K_i 值在 0.5~100mmol/L 之间，这也在一定程度上限制了它们的工业应用。因此，开发具有高葡萄糖耐受性的 β-葡萄糖苷酶具有重要意义。目前已发现的部分耐葡萄糖的 β-葡萄糖苷酶主要来自 GH1 和 GH3 家族。

⑨ 金属离子效应。金属离子可与酶蛋白相互作用，影响酶的三维结构和电子环境，从而调节酶的活性。已报道 Zn^{2+}、Cu^{2+}、Hg^{2+} 和 Fe^{3+} 等金属离子对大多数 β-葡萄糖苷酶具有抑制作用。而来自微球杆菌 ALW1 的 β-葡萄糖苷酶 MaGlu1A 的活性被 Na^+、K^+、Mg^{2+} 和 Ba^{2+} 增强，而被 Zn^{2+}、Cu^{2+}、Al^{3+} 和 Fe^{3+} 离子抑制[16]。

4.2.2 糖苷酶分类

β-葡萄糖苷酶（EC 3.2.1.21）是一类催化底物中 β-D-葡萄糖苷键水解，释放出游离配体的水解酶。尽管目前尚无统一的分类标准，学术界通常依据底物特异性、核苷酸序列相似性和催化活性对其进行分类。基于底物特异性，β-葡萄糖苷酶可分为芳基-β-葡萄糖苷酶、纤维素酶及广泛特异性酶三类，其中以第三类最为常见。根据核苷酸序列相似性分类主要包括 GH1 和 GH3 家族，此外，有研究发现 GH39、GH116、GH5、GH17 和 GH132 家族中也含有 β-葡萄糖苷酶。最后，基于葡萄糖浓度与催化活性的关系，β-葡萄糖苷酶可分为四种类型：①葡萄糖浓度低时催化活性降低的；②葡萄糖浓度对活性影响不大的；③葡萄糖浓度低时活性增强，反之亦然；④葡萄糖浓度高时，一定浓度范围内，活性增强的[29]。这些分类方式为进一步研究其生物学特性和应用提供了基础。

4.3　糖苷酶传统工业应用

β-葡萄糖苷酶在多个传统工业领域中应用广泛，包括生物燃料的生产、食品与饮料加工、制药工业，以及微量活性化合物的合成等（图 4-2）。

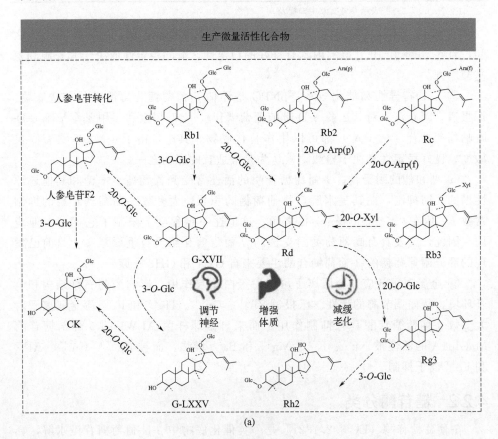

(a)

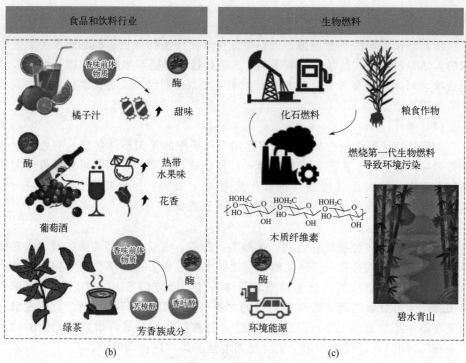

图 4-2　*β*-葡萄糖苷酶的应用

4.3.1　生物燃料

随着环保意识的提升和循环经济理念的发展，以及因化石燃料燃烧所引发的环境污染问题，开发新型清洁能源燃料已成为当前的重要课题。其中，以地球上资源丰富的纤维素或其他生物质为原料的第二代生物燃料，被认为是生物乙醇生产的理想选择[30]。*β*-葡萄糖苷酶在将纤维素材料分解成可发酵糖用于乙醇生产的过程中发挥着关键作用，这项技术被认为是具有发展潜力的核心技术。

在木质纤维素向生物燃料转化的过程中，*β*-葡萄糖苷酶不仅是纤维素酶体系中的关键限速酶，同时也是商业纤维素酶的重要补充剂。通过在商业纤维素酶制剂中添加三种不同来源的 *β*-葡萄糖苷酶，可优化纤维素酶混合物，从而实现对六种不同类型木质纤维素生物质的高效水解，葡萄糖产量可超过 900mg/g。来自产黄假单胞菌 BG8 的 *β*-葡萄糖苷酶与商业酶制剂 Celluclast® 1.5L 联合使用，能有效提高秸秆的糖化效率[31]。此外，经位点饱和突变改造的棘孢曲霉 *β*-葡萄糖苷酶，不仅显著提高了对纤维素的水解能力，还在碱性条件下加快了甘蔗渣的糖化速率[32]。

4.3.2　食品和饮料

随着环保意识的不断增强，人们更倾向于使用植物源材料或利用发酵工艺提取的天然香料，替代传统的合成香料。β-葡萄糖苷酶能够水解具有糖苷键的天然化合物，释放出具有芳香风味的苷元，在果汁、葡萄酒、茶等饮品的加工中具有重要应用价值。

（1）果汁

β-葡萄糖苷酶作为食品添加剂可作用于水果中的香味前体物质，有效去除苦味并增强果汁风味。β-葡萄糖苷酶和 α-L-鼠李糖苷酶联合使用，可提升橙汁的甜度和芳香度，同时显著增强其抗氧化能力[33]。此外，β-葡萄糖苷酶在山楂汁、葡萄柚汁和樱桃汁等饮料中的增香作用亦得到验证。

（2）葡萄酒

葡萄酒含有多种香气化合物，如醇类、酯类、有机酸和萜烯类，其中大多数以糖苷结合态形式存在。β-葡萄糖苷酶能够水解这些无味的结合前体物，释放出赋香的游离成分，从而提升葡萄酒的整体香气。酒球菌 SD-2a 中的 β-葡萄糖苷酶 Bgl0224 可显著提高赤霞珠葡萄酒的"香气指数"和"萜烯指数"。在发酵前向葡萄酒中添加 Bgl0224 可促进长/中链脂肪酸乙酯的合成，增强葡萄酒的"热带果味"；同时，释放的萜烯类化合物则增强了其"花香调"[34]。

（3）茶

茶叶中的糖苷类物质是主要的香气前体，经糖苷酶水解可生成芳樟醇、香叶醇和橙花醇等芳香化合物，从而提升茶叶的香气。β-葡萄糖苷酶和 β-木糖苷酶协同作用，可以增强即饮绿茶的香气，并有效减少焦糖味[35]。用红曲霉和酿酒酵母联合发酵番石榴叶茶，再用包括 β-葡萄糖苷酶的复合酶水解，可显著增加酚类、黄酮类、槲皮素和山奈酚等活性成分的含量。将 β-葡萄糖苷酶固定在壳聚糖-多壁碳纳米管复合材料上，能增强多种茶饮的香气。此外，β-葡萄糖苷酶能增加喷雾干燥法所得乌龙茶中水杨酸甲酯、苄醇、香叶醇等成分的含量，从而改善其整体香气特性[36]。

4.3.3　制药应用

在制药行业中，β-葡萄糖苷酶被用于糖苷的合成与降解，尤其在酶替代疗法中具有重要意义，典型应用之一是治疗戈谢病。该病是一种罕见的遗传性疾病，涉及体内葡萄糖脑苷脂的异常积累。在酶替代疗法中，将合成的 β-葡萄糖苷酶注射入患者体内，帮助分解在患者体内积累的葡萄糖脑苷脂底物，从而缓解病情。

4.3.4　微量活性化合物生产

长期以来，从天然植物中提取如紫杉醇、喜树碱等微量活性成分存在提取效率低、工艺复杂等问题，传统化学合成亦存在成本高、步骤繁多等局限。近年来，酶促转化或靶向转化天然产物的前体或同源物为大规模制备活性物质提供了新策略，其中 β-葡萄糖苷酶在三萜皂苷和大豆异黄酮等天然物质的生物转化中具有重要作用。

（1）人参皂苷的转化

人参皂苷是人参中主要的活性成分，其中主要人参皂苷约占总量的 80%，而具更高药理活性的稀有人参皂苷占比不到 0.1%[37]。由于主要人参皂苷结构复杂、分子量大，它们的膜渗透性差、生物利用度较低。借助胃肠道菌群或外源酶的作用，可将其转化为稀有人参皂苷，从而提高生物活性。因此，将主要人参皂苷转化为稀有人参皂苷已成为主要研究方向。在人参皂苷的生物转化中，通过曲霉、乳酸菌、青霉和蜜环菌等多种微生物产生 β-葡萄糖苷酶，能够催化人参皂苷的水解反应。

（2）异黄酮转化

异黄酮是大豆和大豆产品中的非甾体植物雌激素，具有抗菌、抗病毒、抗癌、抗炎活性。目前已分离鉴定出 12 种大豆异黄酮，按其化学结构可分为以下四类：苷元型（染料木素、甘草素、大豆苷元）、β-葡萄糖苷型（大豆苷、染料木苷、甘草苷），乙酰葡萄糖苷型（$6''$-O-乙酰染料木苷、$6''$-O-乙酰大豆苷和 $6''$-O-乙酰甘草苷）和丙二酰葡萄糖苷型（$6''$-O-丙二酰基大豆苷、$6''$-O-丙二酰染料木素和 $6''$-O-丙二酰甘草苷）[38]。其中大豆糖苷、染料木素及其苷元占大豆异黄酮总量的 95%。糖苷型异黄酮更易被生物体吸收和利用，而 β-葡萄糖苷酶可转化大豆异黄酮为具有活性的游离苷元。黄酮类化合物在大豆中含量丰富，但通常以非活性结合态存在，而通过 β-葡萄糖苷酶水解后可转化为具有生物学活性的游离异黄酮苷元。来自嗜酸杆菌的 β-葡萄糖苷酶基因（*AheGH1*）在大肠杆菌中成功表达，所产酶具有广泛的温度和 pH 适应性，能够在 30min 内高效完全转化大豆异黄酮。来自假单胞菌的嗜盐 β-葡萄糖苷酶已在大肠杆菌中成功表达，在氯化钠存在条件下，该酶对大豆苷和染料木黄酮的水解活性最大可达原来的 3.48 倍和 6.79 倍[39]。

4.4 糖苷酶转化技术的发展与挑战

4.4.1 糖苷酶合成策略

（1）异源表达

异源表达是酶工程中常用的生产策略，即将目的基因（靶基因）转移到异种宿主细胞中以实现表达。细菌、丝状真菌和酵母等微生物是常见的异源表达系统。图 4-3 展示了使用异源表达技术生产 β-葡萄糖苷酶的基本流程。

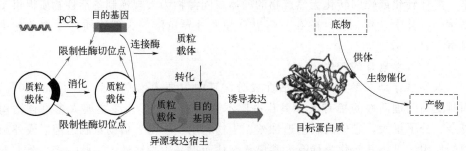

图 4-3　β-葡萄糖苷酶的异源表达过程示意图

① 酵母表达系统。酵母因其内源性次级代谢产物少、生长周期短、培养条件简单且成本低等优点，已成为常用的异源表达平台。常见酵母表达宿主包括酿酒酵母、毕赤酵母和克鲁维酵母。目前，β-葡萄糖苷酶已在酿酒酵母、毕赤酵母中实现有效表达，而在克鲁维酵母中的相关研究尚不多见[40-42]。来自酵母的 β-葡萄糖苷酶的克隆表达对将纤维素生物质转化为生物燃料至关重要。其中，从菩提树中提取的 β-葡萄糖苷酶已在酿酒酵母中异源表达，该酶具有良好的热稳定性，这也是首次报道在酿酒酵母中成功表达 β-葡萄糖苷酶基因的案例。另一研究表明，来自烟曲霉的 β-葡萄糖苷酶在毕赤酵母 X-33 菌株中表达良好，所获得的纯化酶具有较高的葡萄糖耐受性和良好的转糖基活性。

② 细菌表达系统。由于培养条件简便、基因改造灵活，大肠杆菌是最常用的细菌表达系统之一。常用表达载体包括 pET 系列（如 pET 28a、pET 29（＋）和 pET 20b）以及 pBES、pGem-Teasy 等。来自马来西亚咸海鲜芽孢杆菌的 β-葡萄糖苷酶 BglD5（GH1 家族）在大肠杆菌中表达，在 pH7.0 和 65℃下表现出最佳酶活性[43]。从枯草杆菌克隆到大肠杆菌中的 β-葡萄糖苷酶，其特定活性为 54.04U/mg，是该菌属中催化 pNPG 效率最高的酶之一[18]。从耐热无氧芽孢杆菌中获得的 β-葡萄糖苷酶在大肠杆菌中异源表达后，具有良好的葡萄糖和木糖耐受性，V_{max} 值亦显著高于同类酶。此外，乳酸菌和运动发酵单胞菌等菌株也被应用于 β-葡萄糖苷酶异源表达的研究中[44,45]。

③ 真菌表达系统。相比于细菌和酵母系统，丝状真菌在天然产物合成中具有独特的优势。首先，丝状真菌具有出色的蛋白质分泌能力，因此广泛用于生产酶的细胞工厂。其次，丝状真菌具有翻译后修饰能力，为异源表达蛋白质的重要工业级表达平台。黑曲霉、米曲霉、木霉和青霉等常用于表达外源蛋白质的丝状真菌。其中，黑曲霉和米曲霉由于具有食品安全性认证和强蛋白质分泌能力，被广泛用于工业发酵。研究表明，在米曲霉中表达 β-葡萄糖苷酶，其产量是黑曲霉的 100 倍[46]。里氏木霉是公认的高效纤维素酶生产菌株，也常作为 β-葡萄糖苷酶异源表达的底盘宿主[47]。

（2）全细胞催化

全细胞催化是直接利用整细胞作为催化剂进行反应的技术。相比使用游离酶，该方法简化了酶纯化和下游加工步骤，降低了生产成本，同时能够有效保护催化酶免受有机溶剂等不良环境因素的影响。全细胞催化具有催化高效、成本低、无需外源辅因子添加和避免酶失活等优点，已广泛用于高价值精细化学品合成和生物燃料制造等领域。在全细胞催化技术中，细胞表面展示是一种重要的改进策略。通过将目标酶锚定于微生物细胞表面，可实现酶的固定化，简化纯化过程，并提高其在恶劣反应条件下的稳定性。此外，表面展示缩短了酶与底物之间的扩散距离，显著提升了催化效率[48]。

酵母细胞和细菌芽孢操作简单、展示效率高及耐受性强，被广泛用于表面展示系统的宿主开发。已有研究成功将 β-葡萄糖苷酶展示在酵母细胞表面。利用甘油醛-3-磷酸脱氢酶（GPD）启动子和糖基磷脂酰肌醇（GPI）锚定蛋白区段 Sed1 构建一个用于黑曲霉 β-葡萄糖苷酶的展示系统。与商业酶 AR 2000 相比，该系统的 β-葡萄糖苷酶能有效释放游离的萜烯醇，这也是首次通过表面展示系统增强葡萄酒香气的报道[49]。细胞壁结合区（CWBb）作为锚定蛋白，在枯草杆菌表面表达，其介导产生的 β-葡萄糖苷酶（UnBgl1A）显示出高耐受性和高催化效率。GPI 被锚定到酿酒酵母细胞表面，并通过添加新型信号肽提升了 β-葡萄糖苷酶的产量[50]。

4.4.2　溶剂工程

大多数离子液体（IL）是室温下由特定有机阳离子和无机/有机阴离子组成的液态盐。最初，IL 被视为能够溶解传统有机溶剂难溶底物的新型溶剂。其独特的物理化学性质，如氢键碱度、阴离子亲核性、阳离子烷基链长、亲电性、亲水性、疏水性、极性及其离子网络结构等会影响酶的稳定性和活性，在水解酶（包括脂肪酶、酯酶、蛋白酶和糖苷酶）催化反应中得到广泛应用。考虑到 IL 良好的生物学特性，如低毒性和酶相容性，目前正在开发基于 IL 的生物合成方法。IL 反应介质及 IL/缓冲体系在酶化学修饰中的应用实例如表 4-2 所示。

表 4-2　微生物催化在含 IL 系统中的应用实例[2]

使用 IL	酶/微生物	反应	溶剂	IL 主要优点	参考文献
反应介质	β-葡萄糖苷酶和 α-半乳糖苷酶	水解（pNPa-gal 和 pNPbgal）	单相：[Mmim][MeSO₄]/缓冲液，[Tmim][MeSO₄]/缓冲液	提高酶的热稳定性和稳定性	[51]
	β-葡萄糖苷酶	水解（纤维素）	两相：[Bmim][OAc]/缓冲液	1. 提高底物溶解性；2. 提高酶的热稳定性和稳定性	[52]

使用 IL	酶/微生物	反应	溶剂	IL 主要优点	参考文献
反应介质	β-半乳糖苷酶	转糖基化(低聚糖)	两相:[Bmim][PF$_6$]/缓冲液	1. 提高底物溶解性;2. 作为产品的提取相;3. 更改底物专一性	[53]
	紫原青霉 Li-3	水解(甘草酸→甘草酸 3-O-单-β-D-葡萄糖醛酸→甘草次酸)	两相:[Bmim][PF$_6$]/缓冲液	1. 增强细胞膜的通透性;2. 提高底物和产物的溶解度;3. 作为提取相,分离产物和副产物	[54]
	β-糖苷酶	水解(Rb1→Rd→F2→CK)	单相:DES(ChCl:EG)/缓冲液	1. 提高底物的溶解性;2. 增强活性和稳定性	[55]
	PVA 海藻酸盐珠固定化梭状芽孢杆菌 CGMCC1347	氧化(异戊烯醇→香兰素)	单相:DES(ChCl:Gal)/缓冲液	增强细胞膜的通透性	[56]
	聚丙烯固定化南极假丝酵母脂肪酶	酰基化(1-苯基乙醇和 1-苯基乙胺)	单相:[Bmim][NO$_3$]	提高酶溶解性和对映选择性	[57]
酶修饰	柚皮苷酶包埋在含离子液体[Omim][Tf$_2$N]/[C$_2$OHmim][PF$_6$])的 TMOS/甘油基质内	脱糖基化(柚皮苷和普鲁宁→类黄酮)	缓冲液	1. 提高酶的活性和稳定性;2. 导致较高的机械阻力;3. 调节底物和产物在溶剂和基质之间的分配	[58]

(1) 离子液体作为共溶剂在反应介质中的应用

IL 有利于糖苷酶的合成或特异性表达,因为 IL 中阳离子或阴离子类型的变化显著影响酶的活性、特异性和稳定性。在水混溶 IL 的生物催化反应中,1-烷基咪唑最适合用于 β-糖苷酶合成山梨苷的反应,特别是在含 1% (体积分数)[C$_6$mim][BF$_4$]的体系中。亲水[C$_6$mim][BF$_4$]的浓度与其从酶中"吸收"必需水的倾向有关。Ferdjani 等人[51]研究表明,糖苷酶在[Mmim][MeSO$_4$]和[Tmim][MeSO$_4$]中具有最好的稳定性和活性。糖苷酶的热稳定性与其在使用中的稳定性密切相关,这表明,超耐热酶更紧凑的结构阻止了 IL 破坏其蛋白质结构。

在 IL/缓冲液双相系统中，水不混溶的 IL（作为疏水物质的储层）可以降低底物/产物抑制效应。此外，在纤维二糖水解过程中，Kudou 等人[52] 首次阐明了，[Bmim][OAc] 型离子液体（IL）能够显著提升 β-葡萄糖苷酶的水解活性，其机制可能与酶分子构象柔性增强有关。进一步研究表明，以邻硝基苯基-β-D-半乳糖苷（ONPG）为糖基供体时，[Bmim][PF$_6$] 不仅可作为流加培养中的相转移溶剂，还能诱导 β-半乳糖苷酶底物特异性转变，这与传统水相缓冲体系中的催化行为形成显著差异。此外，IL 共溶剂的加入有利于全细胞的生物催化，从而提高细胞膜的通透性。在 [Bmim][PF$_6$]/缓冲双相体系中，与单相缓冲体系相比，甘草酸全细胞水解得到的甘草酸 3-O-单-β-D-葡萄糖醛酸（GAMG）产率更高，为 87.63%，产物 GAMG 和副产物甘草次酸自发分离[54]。

（2）IL 作为添加剂在酶制剂中的应用

IL 含有强配位阴离子，如 [Bmim] 硝酸盐或醋酸盐，可以溶解酶并导致其失活。因此，系统地解析 IL 对酶稳定性及催化活性的影响变得尤为重要。然而，大多数解决酶失活问题的实例都与脂肪酶有关。例如，Toral 等人[56] 发现交联南极念珠菌脂肪酶 B（吸附在聚丙烯载体上）分散在 IL 中时能保持其酯交换活性，如 [Bmim][NO$_3$]。鉴于酶在固定化过程中催化性能的复杂性，IL 作为酶固定化过程中的添加剂可能会对酶的活性和稳定性产生积极影响。

对于含 TMOS/甘油的新型 IL 溶胶-凝胶基质，添加 IL、[Omim][Tf$_2$N] 和 [C$_2$OHmim][PF$_6$] 不仅分别提高了 4-NRP 和 4-NGP 的水解效率，而且还减少了酶的失活。IL、[Omim][Tf$_2$N] 的存在导致了更高的抗开裂的机械阻力。作为分配控制剂，IL 还在调控底物及活性剂在多相体系中的分配行为方面发挥重要作用。用阳离子化葡萄糖苷酶直接水解溶解在 IL 中的纤维素，热稳定性提高到 $137℃$，酶活性比在水介质中高 30 倍[57]。

在应用新型底物溶剂体系时，应重点考虑以下问题：反应介质的适配性、酶失活的风险、产物的分离提取效率，以及溶剂或副产物残留可能引发的毒性问题。作为酶修饰剂，IL 主要影响酶的性能，包括溶解度和活性、稳定性。目前，由于糖苷酶和 IL 的多样性，许多方法尚未得到深入研究，因此需要对这些课题进行更系统的研究，以探索 IL 的应用潜力。

溶剂工程已显示出进一步增强糖苷酶稳定性和活性的潜力，通过引入非常规介质（如 IL）改变反应条件，进而影响酶行为。糖苷酶与离子液体的相互作用特征可根据所用溶剂特性来改善其催化特性。这些技术的发展为在温和、环境友好的条件下高效合成如人参皂苷的生物活性化合物开辟了新途径。

4.4.3 酶固定化

酶固定化是一种将酶物理限制或定位在特定区域的过程，同时保持其活性，允许重复使用和回收催化酶，使工业应用经济可行。固定化可以通过吸附、共价键合、包埋、包裹和交联等多种方法实现。目前，金属有机框架（MOF）、磁性纳米材料、微反应器在酶的固定化过程中得到了越来越广泛的应用。此外，农业工业垃圾用于固定化载体，可实现垃圾的回收利用，符合绿色和可持续经济的要求，成为一种很有前景的载体（图 4-4）。

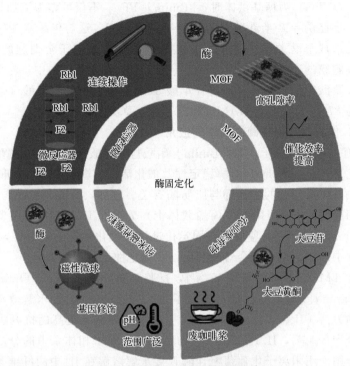

图 4-4　固定化 *β*-葡萄糖苷酶的载体

（1）金属有机框架

与传统基质相比，金属有机框架（MOF）表面积大、多孔结构可调、孔隙率更高和稳定性更好。此外，设计有机配体和金属节点，使固定化酶保持其固有的酶活性。目前，MOF 通常应用于漆酶、脂肪酶、葡萄糖氧化酶、纤维素酶等。MOF 固定化的常用方法包括原位合成、共价结合、表面吸附和保留。原位合成是 MOF 固定化 *β*-葡萄糖苷酶中常用的方法。在原位合成中，沸石咪唑酯框架（ZIF）因其固定化条件较温和，是第一个用于酶固定化的载体。通过原位和后合成策略固定化 *β*-葡萄糖苷酶和漆酶，比较固定化后两种酶的活性，结果显示，由原位策略制备的催化剂装载量更高，酶泄漏更少，催化活性更高[59]。固定在沸石咪唑酯框架-8（ZIF-8）上的 *β*-葡萄糖苷酶的热稳定性显著提高，其抗蛋白酶性能优于游离酶。通过原位共沉淀封装合成的 *β*-Cu（PABA）显示出更好的 pH 值、热稳定性和重复使用性，从纤维素转化生产葡萄糖的产率提高。通过金属竞争配位和氧化策略创新地合成了 Fe-MOF，这种金属有机框架的大小可根据 Fe 的数量进行调整，然后通过原位合成在此载体上固定化 β-葡萄糖苷酶，固定化酶在 120℃ 离子液体中仍具有高稳定性，其水解纤维二糖的能力是未固定 β-葡萄糖苷酶的 3.1 倍[60]。因此，使用原位合成固定化 β-葡萄糖苷酶是可行的。

（2）磁性纳米颗粒

由于其特殊的磁性属性，磁性纳米颗粒使酶的纯化过程更为简单。此外，它们具有酶装载量高、毒性低和质量传递阻力低等优点。固定在涂有氨基单宁的 Fe_3O_4 磁性纳米颗粒上的 β-葡萄糖苷酶的热稳定性和重复使用性得到了极大的提高，pH 范围扩大，固定的 β-葡萄糖苷酶在 10 个循环后保持了 83% 的活性[61]。β-葡萄糖苷酶通过共价结合固定在磁性纳米颗粒上，固定化酶的热稳定性和可重复使用性大大增强。此外，固定化酶可以在 5h 内使纤维二糖的水解率达到 90%[62]。用化学共价方法将淀粉包覆的 Fe_3O_4 纳米颗粒与 β-葡萄糖苷酶和聚乙二醇（PEG）结合。固定化酶在外部磁场作用下增加了 β-葡萄糖苷酶在靶向肿瘤组织中的积累。靶向组织肿瘤中的最大 β-葡萄糖苷酶活性为 (134.89 ± 14.18)mU/g，这达到了抑制前列腺肿瘤生长的目的，并且相对安全。

（3）酶固定化微反应器

微反应器是利用特殊的微加工技术或微毛细管改进的反应设备[63]。固定化酶反应器由于反应压力低、速度快、重复性高、质量传递效率高和产量高，已广泛用于纤维素酶、氧合酶、乙酰胆碱酯酶、漆酶、β-葡萄糖苷酶等酶的固定化。

β-葡萄糖苷酶固定在经过纳米 ZnO 改造的新型微反应器上，显示出良好的可重复使用性，在多个循环后几乎保持了 100% 的水解活性。该酶微反应器使娄蒿和酪醇的生产力分别增加了 315 倍和 12 倍[64]。将 β-葡萄糖苷酶固定到海藻酸盐上，随后装载到玻璃-硅-玻璃微反应器中，然后水解人参皂苷 Rb1。与批次间断酶实验相比，由于连续操作，微反应器中中间产物 F2 的产量增加了 13 倍。

（4）农工业废弃物

农工业废弃物表面存在一些多孔结构，这些孔隙尺寸松散，表面积大，且存在一些易于吸附的化学基团（如羧基、羟基等），因此农工业废弃物不仅可以用作吸附剂去除污染物，还可以作为酶固定化的载体。农工业废弃物作为酶固定化载体主要分为两类：木质纤维素（椰子纤维、玉米秸秆、废粮、稻草）和非木质纤维素副产品（蛋壳、蛋壳膜）载体。在这些废弃物中，椰子纤维是酶固定化的首选载体。用咖啡渣固定的 β-葡萄糖苷酶可以有效地水解黑豆乳中的异黄酮苷类，转化为相应的糖苷配体。60min 后，固定化酶的作用使黑豆乳中总糖原含量增加了 (67.14 ± 0.60)%[65]。

4.4.4　面临的挑战

鉴于 β-葡萄糖苷酶在生物燃料领域的关键作用，研究其生产趋势及新属性变得至关重要，蛋白质组学和宏基因组学的发展恰好满足了这一需求。废弃物固态发酵、现代纯化技术和细胞表面展示技术的开发，都有效降低了 β-葡萄糖苷酶的生产成本。此外，固定化和全细胞技术的应用显著提升了酶的稳定性、可重复利用性，也优化了生产流程。以下列举了 β-葡萄糖苷酶催化应用中存在的问题及对策。

(1) 酶催化效率较低

β-葡萄糖苷酶在生物转化中扮演着重要角色。大多数生物转化反应可以在水溶液中进行，因而水通常被视为生物介导反应的天然溶剂。然而，对于某些极性较弱的有机化合物，由于在水中的溶解度差，其转化和下游处理受到限制。此外，水的存在有利于某些副反应（如水解、聚合）的发生。因此，在非水介质（包括有机溶剂介质、超临界流体介质、气相介质、离子液体介质等）中进行的酶催化反应为这些问题提供了解决方案。在非水介质中，酶具有更好的对映体选择性、位置选择性和化学键选择性。离子液体和低共熔溶剂（DES）是 β-葡萄糖苷酶催化过程中最常用的非水介质。DES 可以提高酶对底物的亲和力，从而提高催化效率。在 β-葡萄糖苷酶催化人参皂苷 Rb1 生成 CK 的过程中，由于中间产物 Rd 和 F1 在水中的溶解度差，使用了 DES 来解决人参皂苷水解的问题，DES 将催化效率和 CK 的转化率分别提高了 64％ 和 29.1％ [66]。此外，通过合理设计、位点定向突变和定向进化也可提高 β-葡萄糖苷酶的催化效率。

(2) 酶活性不稳定

由于大多数酶是蛋白质，通常对强酸、强碱、极端温度或有机溶剂高度敏感，因此限制了其工业应用。为了增强 β-葡萄糖苷酶的稳定性，固定化技术成为一种重要的替代策略。在工业应用中，β-葡萄糖苷酶在生物燃料生产过程中起着至关重要的作用，因此对其耐热性提出了更高要求。除了采用固定化手段提高酶的热稳定性外，选用来源于嗜热菌的酶也具有显著优势。这些酶天然适应高温极端环境，能够在高温下保持活性，同时最大限度地降低污染性细菌的生长风险，尤其适用于生物燃料生产等高温工艺过程。反应温度高往往导致水解时间缩短，活性提升，进而成本效益更好。酶的热稳定性也可以通过合理设计、定向进化和位点定向突变来提高。随着对耐热酶需求的持续增加，纳米酶也逐渐兴起。纳米酶是一类模拟酶，具有纳米材料的独特属性和催化功能，显示出与天然酶类似的酶反应动力学和催化机制，因此可以作为天然酶的替代品。纳米酶具有经济、稳定和易于大量生产的优点，其中最重要的是活性稳定且不易受温度和 pH 影响，因此可以广泛应用于医药、化工、食品、农业和环境等领域的研究中[67]。目前，已经发现不同类型的纳米酶，涵盖过氧化物酶、磷酸酶、核酸酶等多种类型，但针对 β-葡萄糖苷酶的纳米酶尚未开发。

(3) 酶局限于特定反应或特定构型

与其他非生物催化剂不同，酶对催化某些反应或产生特定构型具有高度特异性。大多数底物是天然有机化合物及其衍生物。如果底物是合成化合物，则酶只能与特定化合物反应。要进行新底物的生物转化，必须开发新酶。定向进化的出现解决了这一问题。Frances H. Arnold 因其在定向进化领域的贡献获得 2018 年诺贝尔化学奖。在试管中模拟达尔文进化过程，通过随机突变和人为重组引发突变即为定向进化。定向进化可以筛选出具有期望用途的蛋白质（图 4-5）。研究人员已经使用定向进化方法使大肠杆菌的 β-半乳糖苷酶演变为具有 β-葡萄糖苷酶活性的突变体[68]。

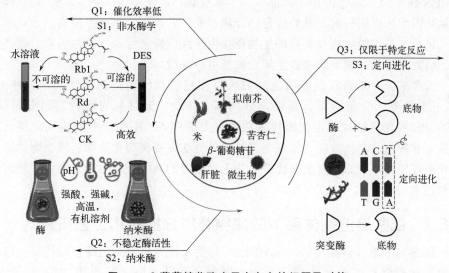

图 4-5　β-葡萄糖苷酶应用中存在的问题及对策

有关糖苷酶催化应用方面，有天然高产菌株的筛选、异源表达以及全细胞催化等合成技术，以及影响催化特性的溶剂工程、酶固定化及结构表征分析技术。关于酶的结构和催化特性的研究，主要集中在动力学、各种光谱技术（如 CD、UV 和 FTIR）以及酶固定化方法上。然而，由于缺乏相关蛋白质的酶活性和结构数据，人参皂苷等活性天然产物的催化技术尚不成熟（例如，转化周期长、底物材料昂贵）。生物过程设计仍需改进，新酶研究及上下游处理新策略的开发仍然任重道远。

4.5　人参皂苷转化创新研究案例

肿瘤是全球致死率较高的恶性疾病之一，危害人类的生命健康。目前，临床上许多肿瘤治疗药物来源于植物，如紫杉醇、雷公藤甲素等。现代药理学研究表明，来源于人参、西洋参和三七中的重要次级代谢产物人参皂苷具有显著的抗癌效果，特别是稀有人参皂苷及其苷元在抗肿瘤、保护神经系统和保肝护肝等方面的药理活性最为显著。然而，人参皂苷、次级皂苷和皂苷元等成分在人参属植物中的含量较少，体内转化量和生物利用度极低，需要通过总皂苷体外降解获得。

通过多种技术手段去除达玛烷型四环三萜支链上的糖基，定向获得人参皂苷单体成为研究热点。已通过酸或热处理方法转化并分离出 289 种纯人参皂苷单体。国家药品监督管理局（NMPA）批准上市的抗癌新药参一胶囊（人参皂苷Rg3），是我国首个实现人参皂苷工业化生产的人参皂苷类单体抗癌药物。NMPA 认可的人参皂苷 Rh2 产品——今幸胶囊，由纯度 98％的 20(S)-Rh2 经极其复杂的大孔树脂吸附、硅胶柱色谱分离提取工艺获得，每斤价格高达 100 多万元人民币。基于微生物及其酶的生物催化由于反应特异性高、条件温和、副产物少、后处理简单，成为解决以上问题的最可行手段。

人参皂苷 CK 因其显著的抗肿瘤效果和高吸收性而受到广泛关注。然而，CK 在自然界中含量极低，需要高效的制备方法。通过探讨底物补料分批法、DES 和磁性纳米颗粒固定化酶技术在稀有人参皂苷 CK 生产中的应用，展示了人参皂苷转化的创新方法。结果表明，这些方法在提高转化效率、增强酶的稳定性和重复使用率方面具有显著优势，为人参皂苷的高效、定向转化提供了新的思路和技术支持[69]。

4.5.1 低共熔溶剂体系下的底物补料分批转化工艺研究

DES 和天然深共晶溶剂（NA-DES）作为传统有机溶剂的绿色替代品，已经引起了学术界和工业界的广泛兴趣。例如，利用 NA-DES 作为共溶剂，结合PVA-海藻酸盐固定化细胞进行异丁香酚转化，产量显著提高，催化活性在多个循环后仍保持良好[70]。

在人参皂苷转化中，DES 系统表现出显著优势。氯化胆碱：丙二醇（ChCl：PG＝1：2）用于 β-糖苷酶催化水解对硝基苯-β-D-吡喃葡萄糖苷时，提高了酶活性和稳定性[71]。与缓冲体系相比，ChCl：PG 系统中 β-葡萄糖苷酶活性增加225％，并且在第 5 天残留酶活性为 62％，优于缓冲液/甲醇体系。添加少量水（6％，体积分数）能够消除纯 DES 系统中酶失活的负面影响。

利用微生物来源的 β-葡萄糖苷酶等糖苷水解酶将人参皂苷 Rb1 转化为 CK，DES 在提高溶解性和维持酶活性方面的作用得到了充分体现。这些绿色溶剂作为传统有机溶剂的替代品，显著提高了酶催化效率，拓展了 DES 在酶介导糖苷水解中的应用。

(1) β-葡萄糖苷酶的制备与表征

① 土曲霉菌株的分离与鉴定。从三七的组织和根土中分离出 37 株菌株，其中 14 株产生 β-葡萄糖苷酶。通过系统发育分析，一株名为 X-51 的菌株被鉴定为土曲霉属，并在黑褐酸琼脂平板上显示出最强的葡萄糖苷键水解活性。X-51 菌

株的 18S rDNA 基因序列已提交至基因库，登录号为 MN945288。

② β-葡萄糖苷酶的发酵与纯化。X-51 菌株 β-葡萄糖苷酶的合成与细胞生长同步[图 4-6(a)]，发酵上清液中 β-葡萄糖苷酶的比活性为 2.43U/mg。纯化步骤和过程参数见表 4-3，通过（NH$_4$）$_2$SO$_4$ 沉淀和脱盐处理后，纯化倍数为 1.57。随后，通过 DEAE-纤维素-52 柱色谱分离，纯化倍数达到 6.02，比活性为 14.62U/mg，回收率为 23.06%。聚丙烯酰胺凝胶电泳（PAGE）分析显示酶的分子质量约为 121kDa[图 4-6(b)]。

关于从丝状真菌如黑曲霉、稻曲霉和裂殖盘菌生产 β-葡萄糖苷酶的研究报告表明，曲霉属真菌发酵产生的酶活性较高，可以通过相对简单的发酵工艺获得高活性的粗酶[72]。

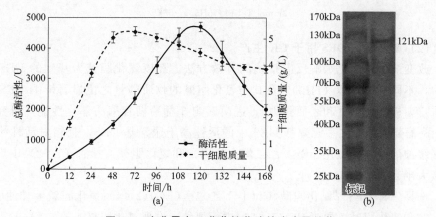

图 4-6 土曲霉中 β-葡萄糖苷酶的生产及纯化

（a）发酵过程中 β-葡萄糖苷酶活性与干细胞质量的关系；（b）SDS-PAGE 分析 β-葡萄糖苷酶纯化情况

表 4-3 土曲霉中 β-葡萄糖苷酶的纯化步骤及效果

纯化步骤	总酶活性/U	总蛋白质/mg	比活性/(U/mg)	纯化倍数	产率/%
发酵上清液	4704.20±131.24	1938.38±38.05	2.43+0.11	1	100
（NH$_4$）$_2$SO$_4$ 分离部分	3142.93±38.98	826.07±25.89	3.81±0.16	1.57	66.81
DEAE-纤维素-52	1084.80±26.15	74.75±7.63	14.62±1.60	6.02	23.06

③ β-葡萄糖苷酶催化 Rb1 转化为 CK 的途径。通过高效液相色谱法（HPLC）验证了人参皂苷 Rb1 到 CK 的水解途径。土曲霉来源的 β-葡萄糖苷酶将人参皂苷 Rb1 依次转化为人参皂苷 Rd、F2 和 CK。在 β-葡萄糖苷酶催化下，8h 内 Rb1、Rd、F2 和 CK 的含量变化如图 4-7 所示。最终产物的结构通过 ^{1}H NMR 和 ^{13}C NMR 光谱确认。土曲霉中的 β-葡萄糖苷酶首先水解 20-O-β-D-(1，6)-葡萄糖苷，将 Rb1 转化为 Rd，然后连续水解 3-O-β-D-(1，2)-葡萄糖苷，将 Rd 转化为 F2 和 CK。

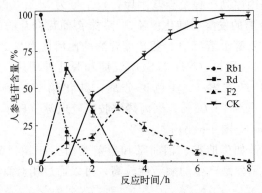

图 4-7 *β*-葡萄糖苷酶水解人参皂苷 Rb1 过程中各成分含量的动态变化

3mmol/L Rb1，pH5.0，55℃

(2) 筛选最佳 DES 用于 CK 生产

改变溶剂是优化水解反应系统的有效方法。在以氯化胆碱为基础的 DES 溶剂中，不同氢键供体（HBD）及其与氯化胆碱的物质的量之比显著影响 DES 的性质（如极性、黏度和表面张力），进而影响 *β*-葡萄糖苷酶的催化性能。研究表明，*β*-葡萄糖苷酶在多元醇基 DES 中的活性高于尿素基 DES，且相对活性接近醋酸缓冲溶液。在氯化胆碱：乙二醇（2：1）和氯化胆碱：甘油（1：2）中观察到最大半衰期 [图 4-8(a)]。

选择三种 DES [氯化胆碱(ChCl)：乙二醇(EG)(2：1)；氯化胆碱：甘油(G)(1：2)和氯化胆碱：尿素(U)(1：2)]进行评估，发现氯化胆碱：乙二醇（2：1）在提高溶解度和维持酶活性方面效果最佳。Rd 和 F2 在氯化胆碱：乙二醇中的溶解度显著高于醋酸缓冲液，特别是在 30%（体积分数）氯化胆碱：乙二醇（2：1）下，溶解度最高 [图 4-8(b)]。

进一步评估表明，随着 DES 浓度的增加，*β*-葡萄糖苷酶的活性显著下降，尤其是在超过 30% DES 浓度时[图 4-8(c)]。多元醇基 DES 相较于尿素基 DES

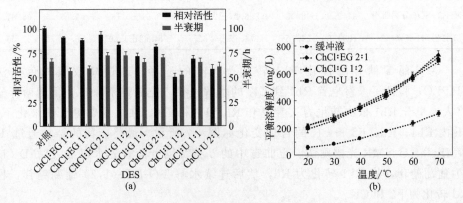

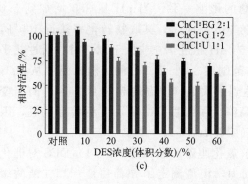
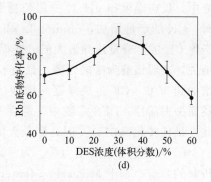

图 4-8　氯化胆碱基 DES 对 β-葡萄糖苷酶催化性能的影响

（a）不同类型 DES（30%，体积分数）中 β-葡萄糖苷酶的水解活性和热稳定性；

（b）人参皂苷 Rd 在 30%（体积分数）DES 中的平衡溶解度；（c）不同比例 DES（10%～60%，

体积分数）中 β-葡萄糖苷酶的水解活性；（d）ChCl：EG（2：1）浓度对 Rb1 底物转化率的影响

（pH5.0，48h，8mmol/L Rb1，55℃）。相对活性（%）表示含有 DES 的

缓冲液中初始酶活性相对于纯缓冲液的百分比。酶的半衰期（h）在 55℃下测定

形成了低黏度透明液体，这主要得益于多羟基组分（乙二醇：2；甘油：3）增强了氢键网络的构建。适量水分有助于降低黏度并维持酶活性位点，而过量的 DES 则可能导致位点掩盖或构象改变。氯化胆碱：乙二醇（2：1）缓冲液活性损失较低，热稳定性高于醋酸缓冲液，且具有良好的溶剂黏度和底物溶解度，适合保持 β-葡萄糖苷酶活性[73]。因此，氯化胆碱：乙二醇（2：1）在 30% 以下浓度时，适合作为共溶剂。

30%（体积分数，下同）氯化胆碱：乙二醇（2：1）缓冲液中，Rb1 底物转化率最高为 89.1%，比醋酸缓冲液高 19.1 个百分点[图 4-8(d)]。10% 氯化胆碱：乙二醇（2：1）轻微激活了 β-葡萄糖苷酶，Rb1 底物转化率仅提高了 4.5 个百分点。过量水稀释导致 HBA 和 HBD 之间的氢键减弱，DES 成分分解和水合[74]。10% DES 缓冲液性质接近纯缓冲液，解释了其较低的溶剂效果。超过 30% 氯化胆碱：乙二醇时，Rb1 底物转化率逐渐下降至 58.4%（60% 氯化胆碱：乙二醇），低于缓冲液中的 70.0%，因高浓度 DES 导致传质限制和酶失活。因此，将 30% DES 缓冲液用于 Rb1 转化体系进行后续实验。

传统极性有机溶剂会破坏蛋白质的分子内氢键，导致酶变性。例如，黑曲霉 β-葡萄糖苷酶在 10% 甲醇中迅速失去 40% 的活性，使反应无法进行[75]。相比之下，DES 中的季铵盐与羟基官能团形成强氢键，改变了 O—H 键的强度。在 ChCl：EG（2：1）中，氢键作用显著，提供了良好的溶解性和高生物相容性，促进了人参皂苷的转化。

（3）ChCl：EG（2：1）介质对 CK 生产的影响

① pH 和温度优化。在醋酸缓冲液和氯化胆碱：乙二醇（2：1）DES 缓冲

液中，反应温度和 pH 对 β-葡萄糖苷酶的影响一致。当 pH 从 3.0 增加到 5.0 时，CK 的产量增加，6mmol/L Rb1 在 48h 反应后，其底物转化率接近 100%，产物 CK 的生成量达到最大值。然而，当 pH 超过 7.0 或低于 3.0 时，活性几乎消失，表明该酶为嗜酸性酶，最适 pH 范围在 3.0～7.0 之间。随着温度从 40℃ 增加到 55℃，CK 生成量逐渐增加，达到最大值，但温度超过 60℃ 时，酶因变性而失去活性。DES 系统中，温度升高降低了黏度，减少了质量传递问题，因此，最佳转化率在 55℃ 时达到最大值（接近 100%）。

② 人参皂苷水解动力学。为了理解氯化胆碱：乙二醇（2∶1）DES 对催化机制的影响，基于 Michaelis-Menten 动力学模型测定了 β-葡萄糖苷酶在醋酸缓冲液和 DES 缓冲体系中的动力学参数。结果显示，Rb1、Rd 和 F2 的 K_m、k_{cat} 和 k_{cat}/K_m 值顺序在两种体系中一致（Rd＞Rb1＞F2、Rb1＞F2＞Rd、Rb1＞F2＞Rd），表明 DES 未改变底物亲和力优先级（表 4-4）。

表 4-4　不同底物在醋酸盐缓冲液和 DES 缓冲液中 β-葡萄糖苷酶的动力学参数

底物		Rb1	Rd	F2
水解路径		水解 Rb1 的 20-O-Glc 制备 Rd	水解 Rd 的 3-O-Glc 制备 F2	水解 F2 的 3-O-Glc 制备 CK
K_m/(mmol/L)	缓冲液	9.61±0.80	14.74±2.58	6.71±1.69
	DES-缓冲液	9.45±0.59	9.86±1.50	5.24±1.14
k_{cat}/s^{-1}	缓冲液	33.40±3.93	10.74±2.16	14.81±1.0
	DES-缓冲液	32.04±1.08	12.06±1.16	16.18±0.50
k_{cat}/K_m /[L/(mmol·s)]	缓冲液	3.50±0.55	0.76±0.28	2.37±0.57
	DES-缓冲液	3.39±0.21	1.25±0.28	3.16±0.53

注：K_m 为米氏常数；k_{cat} 为催化常数；k_{cat}/K_m 为催化效率。数据在初始反应时间 5～10min 内测定。

特别是，土曲霉 β-葡萄糖苷酶在 DES 缓冲体系中对 Rd 和 F2 的亲和力分别增加了 49.5% 和 28.1%，催化效率分别提高了 1.64 倍和 1.33 倍，即 Rd 和 F2 的 K_m 值分别降低到 9.86mmol/L 和 5.24mmol/L，k_{cat}/K_m 值分别增加到 1.25L/(mmol·s) 和 3.16L/(mmol·s)。

总体而言，β-葡萄糖苷酶对 Rd 和 F2 的亲和力和催化效率显著提高，减少了 Rd 水解为 F2 的速率限制反应，改善了底物与酶之间的界面传质过程，提高了质量传递效率。

③ β-葡萄糖苷酶结构光谱分析。通过 FTIR、CD 和 FS（傅里叶光谱）分析了 30%（体积分数）ChCl∶EG（2∶1）对 β-葡萄糖苷酶结构的影响（图 4-9）。FTIR 光谱显示，酶在 DES 中的 α-螺旋、β-折叠和无规卷曲比例与缓冲液中的比

例相近。如表 4-5 所示，远紫外 CD 光谱显示，α-螺旋、β-折叠、β-转角、平行和无规卷曲在 DES 中的比例变化较小，结果与 FTIR 分析一致。近紫外 CD 光谱和 FS 分析表明，β-葡萄糖苷酶的三级结构在 DES 中更稳定，活性氨基酸残基仍嵌入疏水腔中，未暴露在分子表面。DES 中的强氢键网络限制了溶剂扩散进入蛋白质链，保持了天然构象。这表明 30%（体积分数）ChCl∶EG（2∶1）对蛋白质结构影响最小，保留了酶的活性和稳定性。

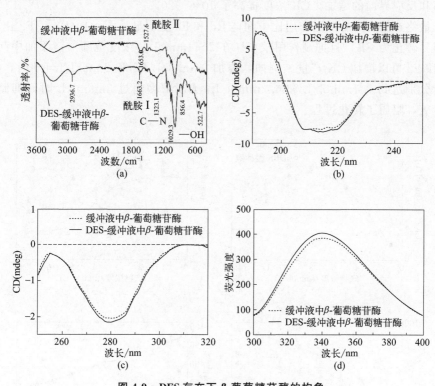

图 4-9　DES 存在下 β-葡萄糖苷酶的构象

（a）傅里叶变换红外光谱；（b）远紫外圆二色光谱（190～250nm）；
（c）近紫外圆二色光谱（250～320nm）；（d）荧光光谱

表 4-5　DES 对 β-葡萄糖苷酶二级结构元素含量（%）的影响

β-葡萄糖苷酶		α-螺旋/%	β-折叠/%	β-转角/%	无规卷曲/%
缓冲液	FTIR	12.7	25.7	—	33.3
	Far-U	16.5	29.6	19.7	34.2
DES-缓冲液	FTIR	9.7	23.1	—	35.1
	Far-U	13.7	28.6	20.5	35.5

注：Far-U 为远紫外 CD 光谱。

（4）底物分批加料策略优化 CK 生产

为克服高底物浓度下 CK 生产的困难，研究了初始底物、中间产物和最终产品对转化过程的抑制效应。图 4-10(a) 显示，当 Rb1 浓度为 4mmol/L 时，CK 的最高产量为 6.0mmol/L，Rb1 转化率为 74.5%。然而，当 Rb1 浓度增加到 8mmol/L 时，抑制效应显著，Rb1 转化率降至 60% 以下。与醋酸盐缓冲液相比，DES 缓冲液系统适度缓解了底物抑制作用，由于底物与酶之间的质量传递速率和反应界面的增加，CK 浓度提高了 10%～20%。

最终产物 CK 的抑制作用比中间体 Rd 和 F2 更明显 [图 4-10(b)]。F2 比 Rd 更容易转化为 CK，且抑制作用较小。在 2～4mmol/L 浓度范围内，添加中间体 Rd 和 F2 可以增加 CK 产量。例如，添加 3mmol/L F2 和 2mmol/L Rd 时，CK 产量分别达到 7.1mmol/L 和 6.2mmol/L。CK 浓度超过 3mmol/L 时，抑制效应显著，阻碍了转化过程。

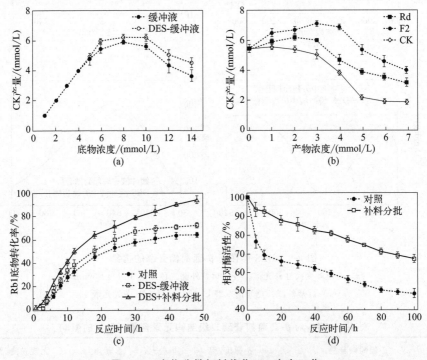

图 4-10　底物分批加料优化 CK 生产工艺

(a) 不同浓度 Rb1 及 (b) Rd、F2 和 CK 在 DES 缓冲液中的 CK 产量（6mmol/L Rb1，反应 48h）；

(c) 底物分批加料策略与传统批处理（12mmol/L Rb1）下的 Rb1 底物转化率比较；

(d) 底物分批加料策略与传统批处理下的酶残留活性比较

为消除底物或产品的抑制，采用了底物分批加料策略，解决了高黏度问题。优化后的转化方法（DES＋分批加料）将 Rb1 底物转化率分别提高了 29.2% 和

44.0％［图 4-10（c）］。分批加料过程中，2.4mol Rb1 经 48h 反应生成 2.2mol CK，对应的体积生产速率为 142mg/（L·h）。与传统批处理方法相比，分批加料策略的酶活性下降较小，最终残余活性高出 38.9％［图 4-10（d）］。这一策略保持了低底物浓度和低黏度，提高了酶的稳定性，显著优化了 CK 的生产过程。

4.5.2　羧化壳聚糖包被的磁性纳米颗粒固定化酶

蜗牛酶可通过水解 C3 和 C20 位置上的葡萄糖，将 PPD 型人参皂苷 Rb1 转化为 CK，转化率可达 89％[76]。然而，游离酶难以回收、成本高、易自消化，限制了其应用。酶固定化提高了酶的可重复利用性和稳定性，并能实现反应系统的自动化控制。磁性纳米颗粒（MNP）因其制备简单、回收方便、粒径小和比表面积大等特点，成为理想的酶固定化载体。但原始 MNP 不稳定，易氧化和聚集，阻碍酶的吸附。为解决这些问题，使用壳聚糖、聚苯胺、聚乙烯醇和羧甲基纤维素等生物相容性聚合物进行涂层以增加稳定性。

壳聚糖因其毒性低、生物相容性好成为常用的 MNP 稳定剂，其高含量—NH_2 基团可通过与戊二醛等二醛形成席夫碱固定化酶。但壳聚糖在中性 pH 水溶液中的低溶解度限制了其应用，可通过羧化生成羧化壳聚糖（CYCTS）提高其溶解度和保湿性能。CYCTS 已被用于吸附废水中的金属离子和固定化酶。例如，超顺磁性羧甲基壳聚糖纳米颗粒在最佳条件（pH9.0，37℃，30min）下可吸附 85.2％的溶菌酶，最大吸附量为 256.4mg/g，在 6 次吸附-洗脱循环后仍能保持稳定[77]。

化学交联固定化酶常用于人参皂苷转化，如用 PEI 和戊二醛活化的卡拉胶珠表面的纤维素酶将 Rb1 转化为 CK，用戊二醛与海藻酸钠交联的 β-葡萄糖苷酶在 4 个循环中催化 Rg1 转化为人参皂苷 F1，平均转化率可达 80.5％[78]。海藻酸钠微球交联的固定化蜗牛酶可通过连续 5 个反应循环将 Rb1 转化为 CK[79]。而非共价固定化方法较少应用于人参皂苷转化，通过非共价相互作用（范德华力、氢键和静电力）在 CYCTS 包覆的 MNP 表面物理吸附酶，是一种简单有效的固定化方法。

有研究制备了适合的纳米载体固定化蜗牛酶，以提高人参皂苷转化的催化性能和可重复利用性。通过在碱性 pH 下化学共沉淀磁铁矿，表面涂覆 CYCTS，合成含有大量羟基和羧基的 Fe_3O_4@CYCTS 载体。首次通过物理吸附将蜗牛酶固定在包覆的 MNP 上进行人参皂苷转化。对酶的催化活性、耐受性和可重复利用性的验证表明，固定化 Fe_3O_4@（CYCTS＋蜗牛酶）可为 Rb1 水解生产 CK 提供一种简单、可行、低成本的方法[80]。

（1）Fe_3O_4@CYCTS 纳米颗粒的合成与特性

① Fe_3O_4@CYCTS 合成。在碱性 pH 条件下，铁（Ⅱ）和铁（Ⅲ）离子化学共沉淀并进行水热处理制备超顺磁性 Fe_3O_4 纳米颗粒。将 5％（质量分数）的

CYCTS逐滴添加到搅拌溶液中，在 N_2 气氛下 80℃ 反应 60min 完成 CYCTS 涂层。使用永久磁铁分离载体后，用去离子水冲洗三次。反应完成后，冻干得到 Fe_3O_4@CYCTS 黑色沉淀物，并在研钵中研磨。

② Fe_3O_4@CYCTS 和 Fe_3O_4@（CYCTS＋蜗牛酶）特性。通过化学共沉淀法制备的 Fe_3O_4 纳米颗粒大小均一（约 15nm），形态为球形［图 4-11（a）］。CYCTS 涂层后，得到直径约 50nm 的 Fe_3O_4@CYCTS 纳米颗粒［图 4-11（b）］，其较大的比表面积有利于酶固定化。与原始 Fe_3O_4 相比，Fe_3O_4@CYCTS 的晶体堆积模式和组成没有显著变化，可通过特征 X 射线衍射（XRD）峰看出［图 4-11(c)］。

商业蜗牛酶是至少含有 7 种蛋白质的混合物，分子质量范围在 36～125kDa 之间［图 4-11(d)］，其总体水解活性来自纤维素酶、果胶酶、淀粉酶、蔗糖酶、半乳糖苷酶和蛋白酶的共同作用。固定化后，Fe_3O_4@CYCTS 在 565cm^{-1} 处的 Fe—O 伸缩振动特征峰证实了载体成分的存在［图 4-11(e)］。C＝O 和 N—H 弯曲振动在 1652cm^{-1} 和 1558cm^{-1} 的峰值证明了蜗牛酶的吸附。

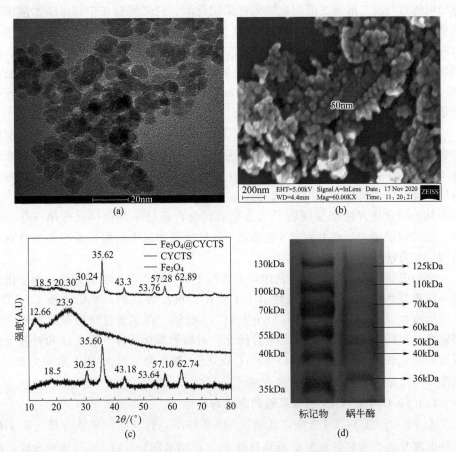

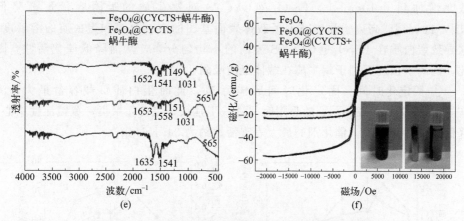

图 4-11　MNP 载体和固定化酶的表征（彩图见书末彩插）

(a) Fe_3O_4 的 TEM 图像；(b) $Fe_3O_4@CYCTS$ 的 SEM 图像；

(c) Fe_3O_4、CYCTS 和 $Fe_3O_4@CYCTS$ 的 X 射线衍射（XRD）光谱；

(d) 蜗牛酶的 SDS-PAGE 分析；(e) 蜗牛酶、$Fe_3O_4@CYCTS$ 和

$Fe_3O_4@$（CYCTS＋蜗牛酶）的 FTIR 光谱；(f) Fe_3O_4、$Fe_3O_4@CYCTS$

和 $Fe_3O_4@$（CYCTS＋蜗牛酶）的磁化磁滞回线

CYCTS 涂覆后，$Fe_3O_4@CYCTS$ 的饱和磁性从 56.7emu/g 降至 23.3emu/g。固定蜗牛酶后，磁性降至 20.2emu/g [图 4-11(f)]。尽管磁性降低，但仍足以在室温下通过普通磁铁从溶液中轻松分离固体催化剂。

（2）蜗牛酶固定化条件优化

① 温度优化。通过测试不同的温度、pH 值和固定化时间，优化蜗牛酶的固定化条件。通过磁性分离法回收固定化酶，并测定其催化活性及蛋白质负载量。

温度对酶活性和固定化有双重影响：较高温度增强酶活性，但过高温度会导致酶变性。固定化蜗牛酶最佳活性对应温度范围为 37～45℃，40℃时达到最大比活性，0.51U/mg（以蛋白质计），37℃时蛋白质负载量达 67mg/g [图 4-12(a)]。因此，选择 37℃作为固定化温度，以实现最大表观活性（约 34.17U/g）。

② pH 值优化。pH 值影响酶和载体的表面电荷及蛋白质的质子化状态。最佳固定化 pH 为 5.5，此时特定活性和蛋白质负载能力最高 [图 4-12(b)]。静电作用在蜗牛酶固定化中起重要作用，pH 变化高度影响载体和酶的质子化状态。根据 Zeta 电位，蜗牛酶的等电点为 4.0 [图 4-12(c)]，在此 pH 以上载体表面带负电。$Fe_3O_4@CYCTS$ 的等电点为 7.6，在此 pH 以下载体表面带正电。在最佳固定化 pH5.5 时，载体带正电荷而酶带负电荷，形成强静电相互作用。然而，在 pH4.0～7.6 范围外，载体和酶表现相同电性，导致静电排斥，阻碍了蜗牛酶在 $Fe_3O_4@CYCTS$ 表面的吸附。

③ 离子强度影响。离子强度对固定化酶的吸附容量有显著影响。随着 NaCl

浓度增加到 0.10mol/L，Fe₃O₄@CYCTS 对蜗牛酶的吸附容量逐渐降低
[图 4-12(d)]。高离子强度减少了载体表面基团的有效电荷和蛋白质的溶解度，这导致蛋白质在 Fe₃O₄@CYCTS 表面的不均匀分布，从而降低催化活性。因此，高离子强度不利于蜗牛酶在载体上的吸附。

④ 固定化时间。固定化时间最佳为 5h，此时蛋白质负载容量最大，为 67.7mg/g [图 4-12(e)]，随吸附时间进一步延长，蛋白质聚集，覆盖活性中心，降低比活性。此时，催化剂的最大表观活性约为 34.17U/g。

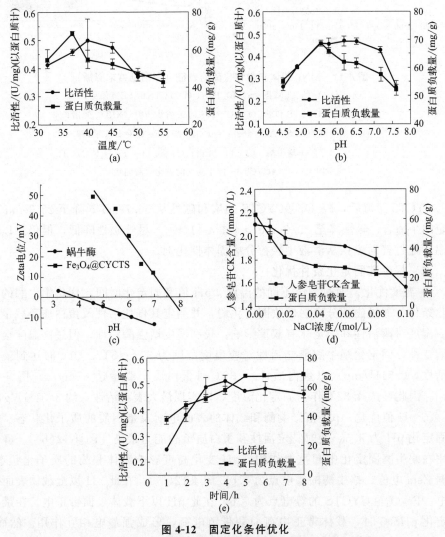

图 4-12　固定化条件优化

(a) 温度；(b) pH 缓冲液；(c) Fe₃O₄@CYCTS 和蜗牛酶的 Zeta 电位；

(d) 离子强度对 Fe₃O₄@CYCTS 吸附和酶活性的影响；

(e) Fe₃O₄@CYCTS 吸附平衡曲线（7mg/mL 酶、10mg/mL 载体和 pH5.5）

（3）固定化酶稳定性

pH 值和温度会引起酶的构象变化，改变其催化活性。通过测定 60℃时不同反应时间后酶的残余活性，比较游离和固定化蜗牛酶的热稳定性［图 4-13(a)］。反应 60min 后，固定化蜗牛酶的残余活性为 40.7％，而游离酶仅为 10.4％。这一结果表明固定化提高了酶的稳定性。

固定化蜗牛酶能够在更宽的 pH 范围内保持高活性［图 4-13(b)］，这是由于非共价相互作用稳定了酶的构象，增强了对强酸和强碱的抗性。固定化酶经 2％ SDS、60％乙醇和 6mol/L 尿素等化学变性剂处理 1h 后，仍保持了 97％、99.0％和 61％的初始活性，而游离酶活性仅为 33％、41％和 11％［图 4-13 (c)］。固定化提高了酶对化学变性剂的耐受性。

在 4℃储存 45d 后，固定化蜗牛酶保持了 76.6％的初始活性，高于游离酶的 61.2％［图 4-13(d)］。这种较高的稳定性可能源于酶与 Fe_3O_4@CYCTS 载体之间的非特异性相互作用，降低了酶的构象迁移率，并减少了自溶。因此，固定化酶对恶劣实验条件更具抗性，适合实际工业应用。

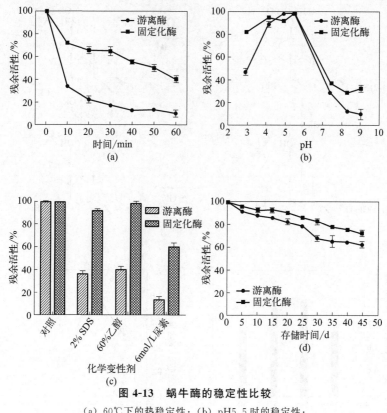

图 4-13　蜗牛酶的稳定性比较

（a）60℃下的热稳定性；（b）pH5.5 时的稳定性；

（c）化学变性剂中的稳定性；（d）4℃时的储存稳定性

(4) 固定化酶制备人参皂苷 CK

① 人参皂苷 CK 制备条件优化。人参皂苷 Rb1 通过 Rb1 ⟶ Rd ⟶ F2 ⟶ CK 的途径转化为人参皂苷 CK[图 4-14(a)]。温度和 pH 值对 CK 产量的影响如图 4-14(b)和(c)所示，最适温度和 pH 值分别为 55℃和 5.5。更高的温度或极端 pH 值会引起酶的构象变化，损害其三级结构，导致酶活性减弱或丧失。

CK 含量随反应时间延长逐渐增加，48h 时达到最大值［图 4-14(d)］。短时间内生成更多中间体，如 Rd 和 F2。不同底物浓度对 CK 产量的影响如图 4-14(e) 所示，F2 浓度随底物浓度的增加而增加，Rb1 浓度为 2.25mmol/L 时，CK 产量最高。

在 1.5mL 缓冲液中，35mg Fe_3O_4@CYCTS 溶液的酶量对 CK 产量的影响如图 4-14(f) 所示。在 30mg 酶量时产量达到饱和，超过 30mg 后产量减少，这是由于底物扩散限制、活性位点的空间位阻和酶构象变化。在最佳条件下（pH5.5，55℃，48h），固定化蜗牛酶催化 Rb1 转化为 CK 的初始转化率为 88.9%（2.25mmol/L Rb1 ⟶ 2.0mmol/L CK）。

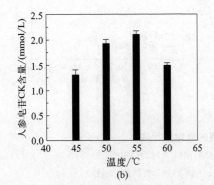

(a)

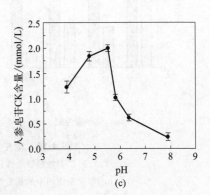

(b)　　　　　　　　　　　　(c)

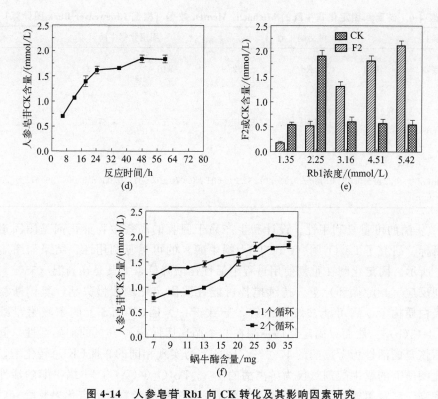

图 4-14 人参皂苷 Rb1 向 CK 转化及其影响因素研究

(a) 人参皂苷 Rb1 ——→Rd ——→F2 ——→CK 转化途径；(b) 温度、(c) pH、
(d) 反应时间、(e) 底物浓度和 (f) 酶量对 CK 产量的影响

② 动力学分析。Michaelis-Menten 常数（K_m）是酶动力学中的关键参数，体现了酶对底物的亲和力，K_m 越低亲和力越高。最大反应速率（V_{max}）描述酶催化反应的总速率。

根据 Michaelis-Menten 动力学和 Lineweaver-Burk 图，计算了人参皂苷 Rb1 与游离和固定化蜗牛酶转化的动力学数据（表 4-6）。固定化酶的 K_m 值为 3.27mmol/L、3.87mmol/L 和 18.20mmol/L，低于游离酶的 11.14mmol/L、12.50mmol/L 和 20.00mmol/L，表明固定化提高了酶对底物的亲和力。这可能是因为固定化改变了蜗牛酶的二级结构，使其 α-螺旋和 β-折叠更开放，增加了与底物的接触。然而，固定化蜗牛酶的 V_{max} 值降低，表明 Rb1 的催化速率减慢。这可能是载体与酶的相互作用、分子聚集以及部分活性位点的遮蔽导致的。

酶与底物之间的传质阻力增加导致反应速率降低。根据 Fe_3O_4@CYCTS 的吸附平衡曲线 [图 4-12(e)]，在达到最大蛋白质负载能力时，5h 的比活性略低于 4h（最大值）。

表 4-6　游离和固定化蜗牛酶的 Michaelis-Menten 数据（根据 Lineweaver-Burk 图计算）

项目	游离蜗牛酶			固定化蜗牛酶		
底物	Rb1	Rd	F2	Rb1	Rd	F2
K_m/(mmol/L)	11.14±0.50	12.50±0.3	20.00±0.4	3.27±0.05	3.87±0.02	18.20±0.2
V_{max}/[mmol/(L·min)]	0.244±0.03	0.130±0.02	0.032±0.001	0.070±0.001	0.034±0.004	0.018±0.002

③ 酶的可重复利用性。设计和生产易于回收的高效生物催化剂是酶固定化的目标。研究了 Fe_3O_4@（CYCTS＋蜗牛酶）的可重复利用性，结果如图 4-15 (a) 所示。固定化酶在重复使用过程中活性逐渐降低，尤其是在高温（55℃）长时间反应（48h/循环）下，持续搅拌可能导致固定化酶缓慢失活，氢键断裂改变蛋白质构象，酶可能被缓慢水解，导致 Fe_3O_4@CYCTS 上的酶吸附量减少 [图 4-15(b)]。然而，固定化蜗牛酶在 9 个循环后保持了 56% 的初始活性。固定化后恢复的活性为游离酶的 47.6%。因此，为实现相同的 9 批 CK 总转化率，固定化酶所需的蜗牛酶剂量仅为游离酶的 1/3。Fe_3O_4@CYCTS＋蜗牛酶的活性回收率高于三聚氯氰功能化 Fe_3O_4@壳聚糖接枝磁性纳米颗粒固定化果胶酶（后者活性回收率为 28.5%）[81]。在 9 个循环（48h/循环）的人参皂苷转化过程中，Fe_3O_4@（CYCTS＋蜗牛酶）纳米催化剂在活性和耐久性方面表现优越（表 4-7）。与微球载体相比，纳米载体具有更大的比表面积，酶分子结合在纳米级支撑材料的颗粒上，构象变化小，可保持其催化活性，有助于提升其在人参皂苷转化中的可重复利用性。

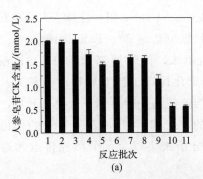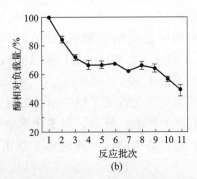

图 4-15　Fe_3O_4@（CYCTS＋蜗牛酶）在循环使用过程中的催化活性与酶负载量变化

(a) 不同循环次数下人参皂苷 CK 产量；(b) 不同循环次数下相对于初始反应的酶负载量变化

表 4-7 不同固定化方法在人参皂苷转化中的比较

酶	载体	固定化技术	最佳条件 pH	温度/℃	时间/h	底物浓度/(mg/mL)	转化路径	批次/可重复利用性	参考文献
纤维素酶	卡拉胶	共价	5.5	60	24	1.9	Rb1 ⟶ Rd	5	初始活性的60%	[82]
β-葡萄糖苷酶	藻酸钠	交联嵌入	5.5	40	48	0.2	Rg1 ⟶ Fl	4	平均转化80.49%	[78]
蜗牛酶	海藻酸凝胶包埋二氧化硅	交联嵌入	5.0	60	36	1.0	Rb1 ⟶ Rd ⟶ F2 ⟶ CK		平均转化36.79%	[79]
蜗牛酶	卡拉胶	共价	5.0	60	1	2.0	Rb1 ⟶ Rd	10	初始活性的96%	[83]
蜗牛酶	Fe_3O_4@CYCTS	吸附	5.5	55.5	48	2.5	Rb1 ⟶ Rd ⟶ F2 ⟶ CK	9	初始活性的56%	—

(5) 小结

研究过程首次应用非共价固定化酶 Fe_3O_4@（CYCTS＋蜗牛酶）生产稀有的人参皂苷 CK。固定化蜗牛酶通过静电相互作用与 Fe_3O_4@CYCTS MNP 结合，其中催化剂保留了磁性，便于分离和循环，固定化显著提高了蜗牛酶对热、pH 和化学变性剂的稳定性，具有更高的存储稳定性。此外，固定化过程略微增加了蜗牛酶对人参皂苷底物的亲和力。

固定化酶可在 9 个长循环（48h/循环）中重复使用，保留约 56% 的初始催化活性，Rb1 底物转化率达到 88.9%。与其他报道的人参皂苷转化生物催化剂相比，该催化剂在活性和耐久性方面表现优异。Fe_3O_4@（CYCTS＋蜗牛酶）纳米生物催化剂具有优异的稳定性和可重复使用性，为其潜在的工业应用提供了坚实的基础。

参考文献

[1] Ahmed A，Nasim F U H，Batool K，et al. Microbial β-glucosidase：sources，production and applications ［J］. Journal of Applied and Environmental Microbiology，2017，5（1）：31-46.

[2] Li W N，Fan D D. Biocatalytic strategies for the production of ginsenosides using glycosidase：current state and perspectives ［J］. Applied Microbiology and Biotechnology，2020，104（9）：3807-3823.

[3] Magwaza B，Amobonye A，Pillai S. Microbial β-glucosidases：Recent advances and applications ［J］. Biochimie，2024，225：49-67.

[4] Matern H，Boermans H，Lottspeich F，et al. Molecular cloning and expression of

human bile acid β-glucosidase [J]. Journal of Biological Chemistry, 2001, 276 (41): 37929-37933.

[5] Suwan E, Arthornthurasuk S, Kongsaeree P T. A metagenomic approach to discover a novel β-glucosidase from bovine rumens [J]. Pure and Applied Chemistry, 2017, 89 (7): 941-950.

[6] Hays W S, Wheeler D E, Eghtesad B, et al. Expression of cytosolic beta-glucosidase in guinea pig liver cells [J]. Hepatology, 1998, 28 (1): 156-163.

[7] Zheng J F, Ge Q W, Yan Y C, et al. dbCAN3: automated carbohydrate-active enzyme and substrate annotation [J]. Nucleic Acids Res, 2023, 51 (1): 115-121.

[8] Jacques P, Béchet M, Bigan M, et al. High-throughput strategies for the discovery and engineering of enzymes for biocatalysis [J]. Bioprocess and Biosystems Engineering, 2017 (2): 161-180.

[9] Körfer G, Pitzler C, Vojcic L, et al. In vitro flow cytometry-based screening platform for cellulase engineering [J]. Scientific Reports, 2016, 6: 26128-26139.

[10] Mallek-Fakhfakh H, Fakhfakh J, Masmoudi N, et al. Agricultural wastes as substrates for β-glucosidase production by Talaromyces thermophilus: Role of these enzymes in enhancing waste paper saccharification [J]. Preparative Biochemistry and Biotechnology An International Journal for Rapid Communication, 2017, 47 (4): 414-423.

[11] Viesturs U E, Strikauska S V, Leite M P, et al. Combined submerged and solid substrate fermentation for the bioconversion of lignocellulose [J]. Biotechnology and Bioengineering, 1987, 30 (2): 282-288.

[12] Huang C, Feng Y, Patel G, et al. Production, immobilization and characterization of beta-glucosidase for application in cellulose degradation from a novel Aspergillus versicolor [J]. International Journal of Biological Macromolecules, 2021, 177: 437-446.

[13] de Andrades D, Graebin N G, Ayub M A Z, et al. Physico-chemical properties, kinetic parameters, and glucose inhibition of several beta-glucosidases for industrial applications [J]. Process Biochemistry, 2019, 78: 82-90.

[14] Montoya S, Patiňo A, Sánchez Ó. Production of lignocellulolytic enzymes and biomass of Trametes versicolor from agro-industrial residues in a novel fixed-bed bioreactor with natural convection and forced aeration at pilot scale [J]. Processes, 2021, 9 (2): 397-415.

[15] Ali S, Khan S A, Hamayun M, et al. The recent advances in the utility of microbial lipases: a review [J]. Microorganisms 2023, 11 (2): 510-535.

[16] Jiang Z D, Long L F, Liang M F, et al. Characterization of a glucose-stimulated β-glucosidase from Microbulbifer sp. ALW1 [J]. Microbiological Research, 2021, 251: 126840-126849.

[17] Fusco F A, Fiorentino G, Pedone E, et al. Biochemical characterization of a novel thermostable β-glucosidase from Dictyoglomus turgidum [J]. International Journal of Biological Macromolecules, 2018, 113: 783-791.

[18] Chamoli S, Kumar P, Navani N K, et al. Secretory expression, characterization and docking study of glucose-tolerant β-glucosidase from B. subtilis [J]. International Journal of Biological Macromolecules, 2016, 85: 425-433.

[19] Saroj P, Manasa P, Narasimhulu K. Biochemical characterization of thermostable carboxymethyl cellulase and β-glucosidase from aspergillus fumigatus jcm 10253 [J]. Applied Biochemistry and Biotechnology, 2022, 194 (6): 2503-2527.

[20] Kim I J, Bornscheuer U T, Nam K H. Biochemical and structural analysis of a glucose-tolerant β-glucosidase from the hemicellulose-degrading *Thermoanaerobacterium saccharolyticum* [J]. Molecules, 2022, 27 (1): 290.

[21] Sun N, Liu X, Zhang B, et al. Characterization of a novel recombinant halophilic β-glucosidase of *Trichoderma harzianum* derived from Hainan mangrove [J]. BMC Microbiology, 2022, 22 (1): 1-11.

[22] Chan C S, Sin L L, Chan K G, et al. Characterization of a glucose-tolerant β-glucosidase from *Anoxybacillus* sp. DT3-1 [J]. Biotechnology for Biofuels, 2016, 9 (1): 174-184.

[23] Pyeon H M, Lee Y S, Choi Y L. Cloning, purification, and characterization of GH3 β-glucosidase, MtBgl85, from *Microbulbifer thermotolerans* DAU221 [J]. PeerJ, 2019, 7: 7106-7123.

[24] Sneha S S, Surabhi S, Vikas P R, et al. Heterologous expression and biochemical studies of a thermostable glucose tolerant β-glucosidase from *Methylococcus capsulatus* (bath strain) [J]. International Journal of Biological Macromolecules Structure Function & Interactions, 2017, 102: 805-812.

[25] Elaine C, Letícia M Z, Flavio H M, et al. A novel cold-adapted and glucose-tolerant GH1 β-glucosidase from *Exiguobacterium antarcticum* B7-ScienceDirect [J]. International Journal of Biological Macromolecules, 2016, 82: 375-380.

[26] Kaushal G, Amit K R, Singh S P. A novel β-glucosidase from a hot-spring metagenome shows elevated thermal stability and tolerance to glucose and ethanol [J]. Enzyme and Microbial Technology, 2021, 145 (1): 109764-109774.

[27] Ariaeenejad S, Nooshi-Nedamani S, Rahban M, et al. A novel high glucose-tolerant β-glucosidase: targeted computational approach for metagenomic screening [J]. Frontiers in Bioengineering and Biotechnology, 2020, 8: 813-826.

[28] He Y, Wang C, Jiao R, et al. Biochemical characterization of a novel glucose-tolerant GH3 β-glucosidase (Bgl1973) from *Leifsonia* sp. ZF2019 [J]. Applied Microbiology and Biotechnology, 2022, 106 (13-16): 5063-5079.

[29] José C S S, Parras M L, Sibeli C, et al. Glucose tolerant and glucose stimulated β-glucosidases-A review [J]. Bioresource Technology, 2018, 267: 704-713.

[30] Chen H, Fu X. Industrial technologies for bioethanol production from lignocellulosic biomass [J]. Renewable and Sustainable Energy Reviews, 2016, 57: 468-478.

[31] Tiwari R, Pranaw K, Singh S, et al. Two-step statistical optimization for cold active β-glucosidase production from Pseudomonas lutea BG8 and its application for improving saccharification of paddy straw [J]. Biotechnology and Applied Biochemistry, 2016, 63 (5): 659-668.

[32] Baba S K T. Site-saturation mutagenesis for β-glucosidase 1 from Aspergillus aculeatus to accelerate the saccharification of alkaline-pretreated bagasse [J]. Applied Microbiology and Biotechnology, 2016, 100 (24): 10495-10507.

[33] Peng C, Li R, Ni H, et al. The effects of α-L-rhamnosidase, β-D-glucosidase, and their combination on the quality of orange juice [J]. Journal of Food Processing and Preservation, 2021, 45: 15604-15615.

[34] Zhang J, Wang T, Zhao N, et al. Performance of a novel β-glucosidase BGL0224 for aroma enhancement of Cabernet Sauvignon wines [J]. LWT- Food Science and Technology, 2021, 144 (7): 111244-111253.

[35] Ting Z, Ke F, Hui N, et al. Aroma enhancement of instant green tea infusion using β-glucosidase and β-xylosidase [J]. Food Chemistry, 2020, 315: 126287-126294.

[36] Jiang Q X, Li L J, Chen F, et al. β-Glucosidase improve the aroma of the tea infusion made from a spray-dried Oolong tea instant [J]. LWT- Food Science and Technology, 2022, 159: 113175-113185.

[37] Hou M, Wang R, Zhao S, et al. Ginsenosides in *Panax* genus and their biosynthesis [J]. Acta Pharmaceutica Sinica B, 2021, 11 (7): 1813-1834.

[38] Handa C L, Couto U R, Vicensoti A H, et al. Optimisation of soy flour fermentation parameters to produce β-glucosidase for bioconversion into aglycones [J]. Food Chemistry, 2014, 152: 56-65.

[39] Qu X, Ding B, Li J, et al. Characterization of a GH3 halophilic β-glucosidase from *Pseudoalteromonas* and its NaCl-induced activity toward isoflavones [J]. International Journal of Biological Macromolecules, 2020, 164: 1392-1398.

[40] Gombert A K, José V M, María-Esperanza C, et al. Kluyveromyces marxianus as a host for heterologous protein synthesis [J]. Applied Microbiology and Biotechnology, 2016, 100 (14): 6193-6208.

[41] Juturu V, Wu J C. Heterologous protein expression in *Pichia pastoris*: latest research progress and applications [J]. ChemBioChem, 2018, 19 (1): 7-21.

[42] Treebupachatsakul T, Nakazawa H, Shinbo H, et al. Heterologously expressed Aspergillus aculeatus β-glucosidase in *Saccharomyces cerevisiae* is a cost-effective alternative to commercial supplementation of β-glucosidase in industrial ethanol production using *Trichoderma reesei* cellulases [J]. Journal of Bioscience and Bioengineering, 2016, 121 (1): 27-35.

[43] Liew K J, Lim L, Woo H Y, et al. Purification and characterization of a novel GH1 beta-glucosidase from *Jeotgalibacillus malaysiensis* [J]. International Journal of Biological Macromolecules, 2018, 115: 1094-1102.

[44] Luo Z, Bao J. Secretive expression of heterologous β-glucosidase in *Zymomonas mobilis* [J]. Bioresources and Bioprocessing, 2015, 2 (1): 29-34.

[45] Wang C, Yang Y, Ma C, et al. Expression of β-glucosidases from the yak rumen in lactic acid bacteria: a genetic engineering approach [J]. Microorganisms, 2023, 11 (6): 1387-1398.

[46] Senba H, Saito D, Kimura Y, et al. Heterologous expression and characterization of salt-tolerant β-glucosidase from xerophilic *Aspergillus chevalieri* for hydrolysis of marine biomass [J]. Archives of Microbiology, 2023, 205 (9): 310.

[47] Colabardini A C, Valkonen M, Huuskonen A, et al. Expression of two novel β-glucosidases from *Chaetomium atrobrunneum* in *Trichoderma reesei* and characterization of the heterologous protein products [J]. Molecular Biotechnology, 2016, 58 (12): 821-831.

[48] Zhang C, Chen H, Zhu Y, et al. *Saccharomyces cerevisiae* cell surface display technology: strategies for improvement and applications [J]. Front Bioeng Biotechnol, 2022, 10: 1056804-1056818.

[49] Yang Z, Zhuo M, Yi Q, et al. Efficient display of *Aspergillus niger* β-Glucosidase

on *Saccharomyces cerevisiae* cell wall for aroma enhancement in wine [J]. Journal of Agricultural and Food Chemistry, 2019, 67 (18): 5169-5176.

[50] Inokuma K, Bamba T, Ishii J, et al. Enhanced cell-surface display and secretory production of cellulolytic enzymes with *Saccharomyces cerevisiae* Sed1 signal peptide [J]. Biotechnology and Bioengineering, 2016, 113 (11): 2358-2366.

[51] Ferdjani S, Ionita M, Roy B, et al. Correlation between thermostability and stability of glycosidases in ionic liquid [J]. Biotechnology Letters, 2011, 33 (6): 1215-1219.

[52] Kudou M, Kubota Y, Nakashima N, et al. Improvement of enzymatic activity of β-glucosidase from *Thermotoga maritima* by 1-butyl-3-methylimidazolium acetate [J]. Journal of Molecular Catalysis B: Enzymatic, 2014, 104: 17-22.

[53] Brakowski R, Pontius K, Franzreb M. Investigation of the transglycosylation potential of β-Galactosidase from *Aspergillus oryzae* in the presence of the ionic liquid [Bmim] [PF$_6$] [J]. Journal of Molecular Catalysis B: Enzymatic, 2016, 130: 48-57.

[54] Chen J Y, Kaleem I, He D M, et al. Efficient production of glycyrrhetic acid 3-*O*-mono-β-D-glucuronide by whole-cell biocatalysis in an ionic liquid/buffer biphasic system [J]. Process Biochemistry, 2012, 47 (6): 908-913.

[55] Yang T X, Zhao L Q, Wang J, et al. Improving whole-cell biocatalysis by addition of deep eutectic solvents and natural deep eutectic solvents [J]. ACS Sustainable Chemistry and Engineering, 2017, 5 (7): 5713-5722.

[56] Toral A R, Ríos A P D L, Hernández F J, et al. Cross-linked *Candida antarctica* lipase B is active in denaturing ionic liquids [J]. Enzyme and Microbial Technology, 2007, 40 (5): 1095-1099.

[57] Vila-Real H, António J A, Rosa J N, et al. α-Rhamnosidase and β-glucosidase expressed by naringinase immobilized on new ionic liquid sol-gel matrices: Activity and stability studies [J]. Journal of Biotechnology, 2011, 152 (4): 147-158.

[58] Alex P S B, Bui-Le L, Hallett J P, et al. Non-aqueous homogenous biocatalytic conversion of polysaccharides in ionic liquids using chemically modified glucosidase [J]. Nature Chemistry, 2018, 10 (8): 859-865.

[59] Victoria G, Castro-Miguel E, Blanco R M, et al. *In situ* and post-synthesis immobilization of enzymes on nanocrystalline MOF platforms to yield active biocatalysts [J]. Journal of Chemical Technology and Biotechnology, 2017, 92 (10): 2583-2593.

[60] Jiao R, Wang Y, Pang Y, et al. Construction of macroporous β-glucosidase@ MOFs by a metal competitive coordination and oxidation strategy for efficient cellulose conversion at 120℃ [J]. ACS Applied Materials and Interfaces, 2023, 15 (6): 8157-8168.

[61] Moradi S, Khodaiyan F, Razavi S H. Green construction of recyclable amino-tannic acid modified magnetic nanoparticles: Application for β-glucosidase immobilization [J]. International Journal of Biological Macromolecules, 2019, 154: 1366-1374.

[62] Verma M L, Chaudhary R, Tsuzuki T, et al. Immobilization of β-glucosidase on a magnetic nanoparticle improves thermostability: application in cellobiose hydrolysis [J]. Bioresource technology, 2013, 135: 2-6.

[63] Liu X, Meng X Y, Xu Y, et al. Enzymatic synthesis of 1-caffeoylglycerol with deep eutectic solvent under continuous microflow conditions [J]. Biochemical Engineer-

ing Journal，2019，142：41-49.

[64] Gkantzou E，Govatsi K，Chatzikonstantinou A，et al. Development of a ZnO nanowire continuous flow microreactor with β-glucosidase activity：characterization and application for the glycosylation of natural products [J]. ACS Sustainable Chemistry and Engineering，2021，9（22）：7658-7667.

[65] Chen K I，Lo Y C，Liu C W，et al. Enrichment of two isoflavone aglycones in black soymilk by using spent coffee grounds as an immobiliser for β-glucosidase [J]. Food Chemistry，2013，139，1（4）：79-85.

[66] Han X，Ma X，Duan Z，et al. Biocatalytic production of compound K in a deep eutectic solvent based on choline chloride using a substrate fed-batch strategy [J]. Bioresource Technology，2020，305：123039-123046.

[67] Wang Z，Zhang R，Yan X，et al. Structure and activity of nanozymes：Inspirations for *de novo* design of nanozymes [J]. Materials Today，2020，41：81-119.

[68] Stefan A，Radeghieri A，Rodriguez A G V Y，et al. Directed evolution of β-galactosidase from *Escherichia coli* by mutator strains defective in the $3'\rightarrow5'$ exonuclease activity of DNA polymerase Ⅲ [J]. Febs Letters，2001，493（2-3）：139-143.

[69] 李伟娜，蒋云云，范代娣. 人参皂苷单体定向转化的生物催化策略及应用进展 [J]. 生物工程学报，2019，35（9）：1590-1606.

[70] Yang T X，Zhao L Q，Wang J，et al. Improving whole-cell biocatalysis by addition of deep eutectic solvents and natural deep eutectic solvents [J]. ACS Sustainable Chemistry and Engineering，2017，5（7）：5713-5722.

[71] Xu W J，Huang Y K，Li F，et al. Improving β-glucosidase biocatalysis with deep eutectic solvents based on choline chloride [J]. Biochemical Engineering Journal，2018，138：37-46.

[72] Jiang Y，Li W，Fan D. Biotransformation of ginsenoside Rb1 to ginsenoside CK by strain XD101：A safe bioconversion strategy [J]. Applied Biochemistry and Biotechnology，2021，193（7）：2110-2127.

[73] Han X，Li W，Ma X，et al. Enzymatic hydrolysis and extraction of ginsenoside recovered from deep eutectic solvent-salt aqueous two-phase system [J]. Journal of Bioscience and Bioengineering，2020，130（4）：390-396.

[74] Gabriele F，Chiarini M，Germani R，et al. Effect of water addition on choline chloride/ glycol deep eutectic solvents：Characterization of their structural and physicochemical properties [J]. Journal of Molecular Liquids，2019，291：111301-111306.

[75] Reeta R S，Anil K P，Rajeev K，et al. Retracted：Role and significance of beta-glucosidases in the hydrolysis of cellulose for bioethanol production [J]. Bioresource Technology，2013，127：500-507.

[76] Duan Z，Zhu C，Shi J，et al. High efficiency production of ginsenoside compound K by catalyzing ginsenoside Rb1 using snailase [J]. Chinese Journal of Chemical Engineering，2018，26（7）：1591-1597.

[77] Yu X，Zhong T，Zhang Y，et al. Design，preparation，and application of magnetic nanoparticles for food safety analysis：a review of recent advances [J]. Journal of Agricultural and Food Chemistry，2022，70（1）：46-62.

[78] 张琪，赵文倩，孟飞，等. 固定化 β-葡萄糖苷酶制备人参皂苷 F1 的研究 [J]. 中国抗生素杂志，2012，37（1）：49-55.

[79] Yu Z H，Liu Q Y，Cui L，et al. Transformation of rare ginsenoside compound K

from ginsenoside Rb1 catalyzed by snailase immobilization onto microspheres [J]. Chinese Traditional and Herbal Drugs，2014：3092-3097.

[80] Li W，Zhang X，Xue Z，et al. Ginsenoside CK production by commercial snailase immobilized onto carboxylated chitosan-coated magnetic nanoparticles [J]. Biochemical Engineering Journal，2021，174：108119.

[81] Soozanipour A，Taheri-kafrani A，Barkhori M，et al. Preparation of a stable and robust nanobiocatalyst by efficiently immobilizing of pectinase onto cyanuric chloride-functionalized chitosan grafted magnetic nanoparticles [J]. Journal of Colloid and Interface Science，2019，536：261-270.

[82] Yuan Y，Luan X，Hassan M E，et al. Covalent immobilization of cellulase in application of biotransformation of ginsenoside Rb1 [J]. Journal of Molecular Catalysis B：Enzymatic，2016，133（S1）：525-532.

[83] Hassan D Q. Biotransformation of ginsenoside using covalently immobilized snailase enzyme onto activated carrageenan gel beads [J]. Bulletin of Materials Science，2019，42（1）：29.

第5章
糖苷酶在高级合成中的应用与创新

5.1 糖苷酶在高级合成中的应用

糖苷酶在传统工业中主要用于裂解不需要的碳水化合物，在合成领域的应用相对缺乏。然而，随着基因工程技术的发展，糖苷酶作为合成工具的潜力开始被重新评估。糖苷酶通过酶工程改造，可有效控制非目标侧水解活性，因此具有成本效益好、生产简便、稳定性强和底物多功能催化等优点，逐渐成为工业生物技术中的有力竞争者。

目前，工程化的糖苷酶正被探索用于合成高附加值化合物，如定义明确的壳寡糖、珍贵的低聚半乳糖，以及糖基化黄酮类化合物等特殊化学品。此外，糖苷酶的应用也在向制备人乳寡糖（HMO）和重构抗体等领域扩展。本节概述了糖苷酶的技术创新和实际应用，还强调了该领域在现代工业生物技术中面临的挑战和未来发展方向。

5.1.1 新合成路径的开发

随着对糖基化天然产物和生物医学分子的日益关注，发展可靠的糖基化方法成为糖生物学的关键目标。传统化学糖基化方法操作烦琐、产率低，且常需使用有毒试剂，与安全性标准不符。相比之下，酶催化合成因其选择性和处理非保护糖方面优势明显，成为更具吸引力的解决方案。糖基转移酶（GT）在天然糖基化中具有严格的底物特异性和区域选择性，其合成潜力可通过酶级联反应或全细胞原位糖基化得到开发[1,2]。然而，市场上糖基转移酶的选择有限且价格昂贵，且在反应介质中的半衰期问题限制了其广泛应用。更多详情请参见表 5-1[3]。

根据定义，糖苷酶（EC3.2.1 和 EC3.2.2）是天然催化糖苷键断裂的水解酶，现已被证明是碳水化合物合成的有效工具。在特定条件下，许多糖苷酶能通过转糖基化合成糖苷键，将糖基部分从活化供体转移到受体的自由羟基上。然而，转糖基化反应的产率受到供体底物水解的影响，使野生型糖苷酶催化反应的

最大产率低于 40%[4]。减弱水解活性同时保留转糖基化活性的酶工程学的发展，为定制复杂碳水化合物和糖共轭体的生物合成提供了新的可能。

表 5-1　用于糖基化反应的酶类型[3]

酶类型	糖基供体	优势	缺点
糖苷酶	活化供体（低聚糖，pNP—配糖）	· 可用性 · 供体/受体灵活性 · 大量酶 · 价格合理且稳定的糖基供体	· 供体和产物同时水解 · 转糖基化反应产率低
转糖苷酶	活化供体（低聚糖，pNP—配糖）	· 可用、价格合理且稳定的糖基供体 · 水解活性降低 · 与亲本糖苷酶相比，产量更高	· 可用酶量低 · 没有已知的一般突变策略（仅针对使用底物辅助催化的酶）
糖苷合成酶	相反结构的糖基氟化物/叠氮化物	· 合成反应的产率高，不水解产物 · 已知且通用的突变策略	· 主要适用于保留型 β-糖苷酶 · 糖基供体的有效性和稳定性低
糖酵母酶	天然构型的高活性供体（氟化物）	· 定量产率，不水解产物 · 已知的一般突变策略	· 糖基供体的利用率和稳定性较低 · 只有少数的特征酶来确定一般的突变策略
硫代糖基化酶	天然构型的活化供体（低聚糖，pNP—配糖）	· 包含受体的大量—SH 基团 · 可用、价格合理且稳定的糖基供体 · 已知的一般突变策略 · 定量产率，不水解产物	· 通常对—SH 受体的特异性较窄
糖基转移酶	核苷酸糖（UDP—/GDP—糖）	· 糖基化反应的产率高 · 特定反应：供体、受体，区域特异性	· 糖基供体的可用性低，成本高 · 酶和糖基供体的稳定性低 · 酶具有高度特异性，在供体、受体、键合等方式上耐受性较低 · 需要核苷酸糖再生系统

5.1.2　糖苷酶的应用潜力

（1）工业前景

壳寡糖（COS）和半乳寡糖（GOS）是糖苷酶催化合成中极具前景的寡糖，分别由 β-N-乙酰基己糖苷酶或几丁质酶家族和 β-半乳糖苷酶家族催化。这些酶的工业应用被认为可降低 COS 和 GOS 的生产成本，并促进对其生物效应的研究。

在合成对婴儿营养至关重要的人乳寡糖方面，近年来已开发出具有前景的酶，包括突变的乳糖 N-生物苷酶、β-N-乙酰己糖苷酶和 β-半乳糖苷酶。在

HMO 合成所需的酶中，α-岩藻糖苷酶仍是最受关注的，但开发具有特异性的高效、高选择性生物催化剂还需进一步研究。尽管通过基因工程表达糖基转移酶的细胞工厂是有效的合成工具，但糖苷酶能提供对糖基受体和底物分子结构修饰的更高的容忍度，使其在合成 HMO 类似物时展现出独特优势。工程化糖苷酶的应用包括通过内切 β-N-乙酰葡萄糖苷酶重塑抗体，以及合成多种结构模式的葡聚糖或阿拉伯木聚糖。此外，糖苷酶在专业合成领域的应用也显示出潜力，例如在黄酮糖基化、鞘糖脂合成等方面，不过目前这些应用大多还处于概念验证阶段。

（2）研究案例

① 几丁低聚糖及其衍生物的酶法合成。几丁低聚糖（壳寡糖，COS）是由 N-乙酰葡萄糖胺和葡萄糖胺组成的 β-(1→4) 连接的低聚物，具有较好的生物活性，如抗血管生成、抗氧化和抗真菌活性，能激发植物的防御反应。在医学上，COS 被研究作为抗哮喘药物、抗菌剂和基因治疗载体，并有证据显示 COS 能抑制肿瘤转移和生长，甚至诱导癌细胞凋亡。传统上，通过使用强酸或几丁质酶的作用从几丁质和壳聚糖中水解得到 COS，但这些方法通常产生复杂的产物，难以分离，而且所得材料由于动物来源在某些应用中不被接受。随着高品质 COS 需求的增加，生物技术生产 COS 变得尤为重要。近年来，许多几丁质酶和 β-N-乙酰己糖胺酶已被工程化改造以优先进行转糖基化而非水解反应，成功用于 COS 及其衍生物的合成。这些新开发的高级酶为合成高聚合度的 COS 提供了强大的合成工具。

② 人乳寡糖与半乳寡糖的酶法合成。人乳寡糖（HMO）是母乳中以 5～15g/L 的浓度存在的生物活性物质，其结构基于乳糖（Lac；β-D-Gal-(1→4)-D-Glc）的结构基元，并可通过附加 N-乙酰乳糖胺（LacNAc；β-D-Gal-(1→4)-D-GlcNAc）进一步延伸，形成复杂的结构[5]。尽管 HMO 的市场价格非常高，尤其是对于长链的 HMO（例如乳糖-N-新四糖和 2'-岩藻糖基乳糖），但它们在促进婴儿免疫系统发育和新陈代谢方面的潜在好处使开发合成 HMO 的新方法成为研究热点。目前，有四种主要的 HMO 合成方法，包括催化法、化学酶法、化学合成法和全细胞生物转化法。

③ 抗体的改造。N-糖基化是一种重要的蛋白质翻译后修饰方式，对于调节蛋白质的生物学性能至关重要，例如蛋白质稳定性、折叠和免疫原性[6]。许多用于临床治疗的重要蛋白质都是 N-糖基化的，如免疫球蛋白 G（IgG）。这些抗体被用于治疗感染性疾病、自身免疫性疾病和癌症。通过利用特定的突变型糖苷酶，已经能够在体外通过定向的糖基化反应精确地改造抗体，从而改变它们的生物学性质和治疗效果。

5.1.3 问题和展望

糖苷酶在实际生产中主要用于生产益生元寡糖，这是现代婴儿配方乳粉中的重要成分。其他应用包括使用己糖氨基酸酶合成人乳寡糖的核心结构，或者使用经过工程改造的内切糖苷酶生产糖基化治疗性抗体。未来，可能会利用经过改造的 β-N-乙酰己糖苷酶或几丁质酶合成更高聚合度的壳寡糖，从而将丰富的生物废弃物壳质转化为有价值的生物活性寡糖。

尽管实验室规模下高级糖苷酶催化反应效率很高，但在工业中受到一些限制。糖合成酶的广泛应用受限于其需要的氟化底物，底物有时难以合成且不够稳定。因此，未来大规模应用可能会转向使用天然底物的先进糖基转移酶，如乳糖或 pNP—糖苷酶。然而，许多糖基转移酶仍保留一定的水解活性，这种副反应在大规模合成中可能导致产物降解或底物浪费，因而仍亟待优化。近年来，先进的计算技术可用于构建低水解活性的高效糖基转移酶；同时，高通量宏基因组筛选也成为开发新型糖苷酶的重要途径，有望为解决上述问题提供新思路。

5.2　糖苷酶结构机理解析

5.2.1　催化机理

在碳水化合物活性酶数据库（Carbohydrate-Active enZymes Database，CAZymes）中，糖苷酶基于序列和结构相似性被划分为多个家族。截至 2020 年 10 月，已识别出 168 个独立的 GH 家族。这些糖苷酶还可根据其活性位点和催化机制进行分类。糖苷酶通过保留或反转底物和产物的异常构型进行工作[7]。例如，在反转糖苷酶中，反应通常按照单一置换机制进行，过程中一个羧酸残基作为一般酸促进离去基团脱离，而另一个羧酸残基作为一般碱激活亲核试剂（水）进攻糖苷键［图 5-1(a)］。而在保留糖苷酶中，则通过双置换机制操作，形成共价糖基酶中间体［图 5-1(b)］。在特殊情况下，当底物含有 2-乙酰氨基时，催化通过底物辅助机制进行，形成非共价结合的噁唑啉反应中间体［图 5-1(c)］。这种机制主要用于处理含 GlcNAc 和 GalNAc 底物的糖苷酶，如 GH18 和 GH20 型糖苷酶。

GHs 不仅遵循经典的 Koshland 机制［图 5-2，方案 1（a）和（b）］，还符合通过特定取代基实现底物辅助催化的机制［图 5-2，方案 1（c）和（d）］[8,9]。GH 和 GT 的不同机制为这些酶如何催化类似反应提供了重要见解，有助于设计抑制剂并改进酶工程。而糖基转移酶的机制尚不明确。大多数保留型 GTs 遵循前向面（S_Ni-like）机制［图 5-2，方案 2(e)］[10]，形成短暂的氧杂碳正离子类中间体，但难以通过理论方法表征。近年来，通过 QM/MM 方法对多种 GTs 进行了研究，如 OtsA（GT20 家族）和 lgtC（GT8 家族）等。GT6 家族酶如 α3GalT 和 GTA/GTB，可以通过双置换机制催化糖苷键的形成［图 5-2，方案 2

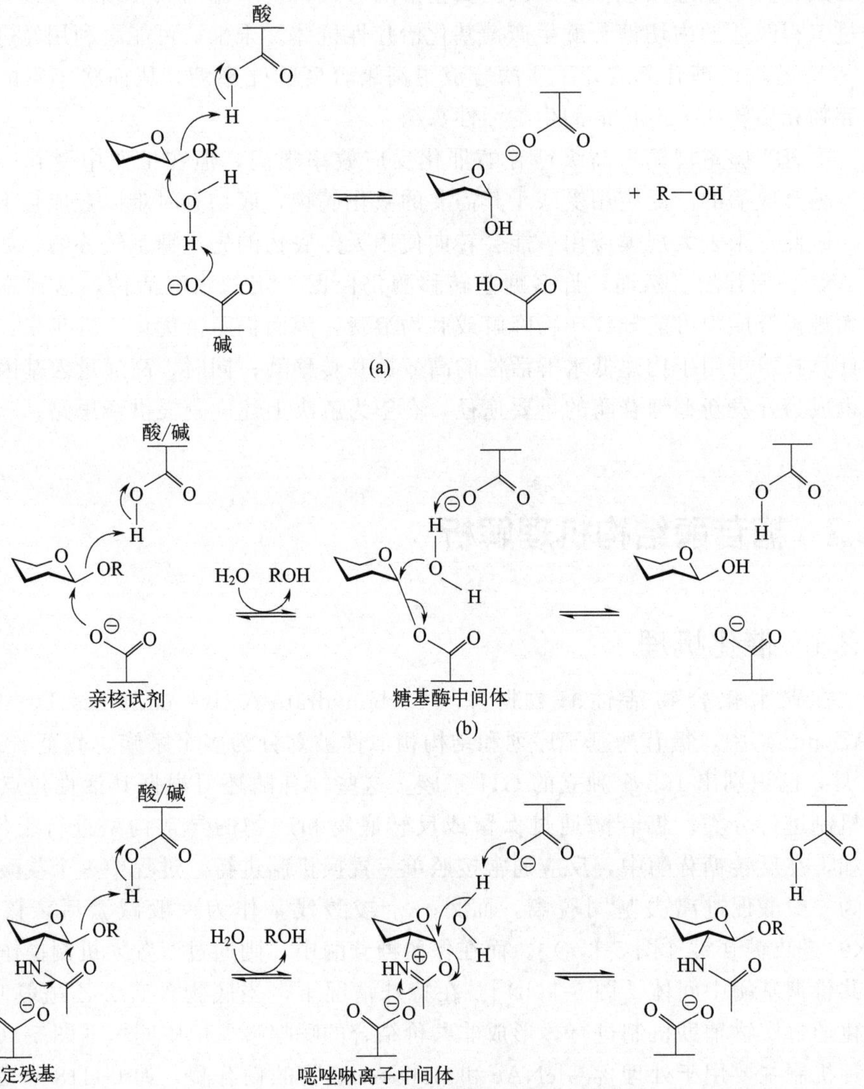

图 5-1　糖苷酶催化机制[7]

(a) 一种反相 β-糖苷酶的单次置换机制；(b) 一种保留 β-糖苷酶的双置换机制；
(c) 底物辅助机制，如 β-N-乙酰己糖氨酸酶

(f)]^[11]。反转型 GTs 预期遵循一步 SN2 反应 ［图 5-2，方案 2(g)]^[12]，如最近表征的 GnT-V （GT18 家族），但也具有不常见的机制，如 POFUT1 中的天冬酰胺异构化（GT65 家族）。

方案1

保留GH：双取代机理

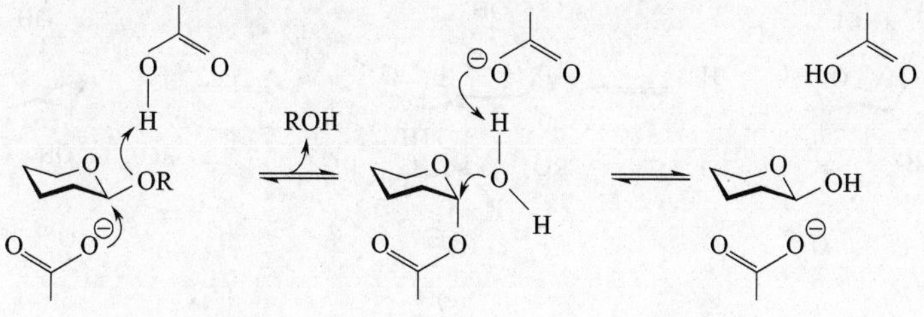

(a)

反转GH：单取代机理

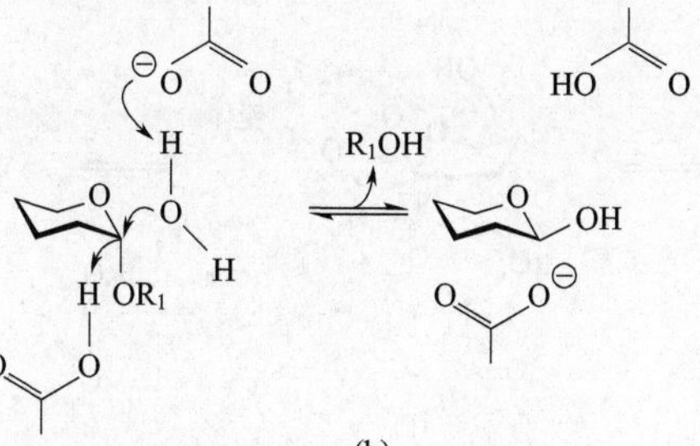

(b)

保留GH：通过2-NAc的底物辅助机理

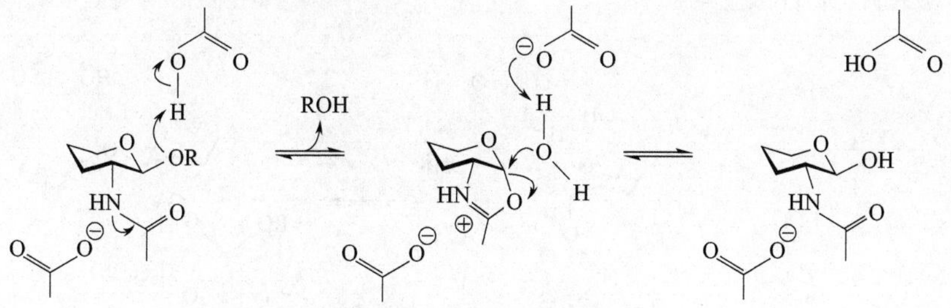

(c)

保留GH：通过2-OH的底物辅助机理

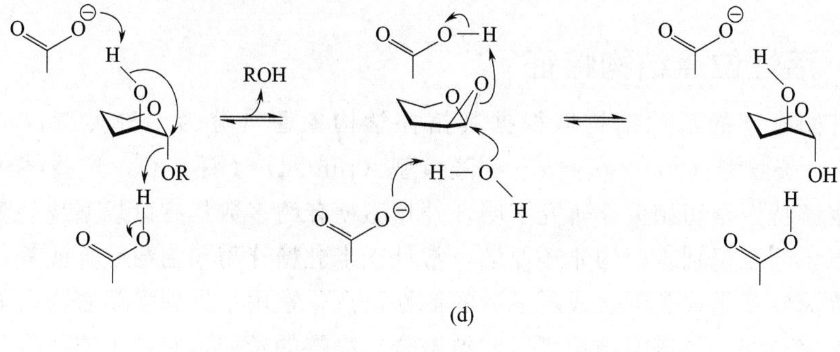

(d)

图 5-2

方案2

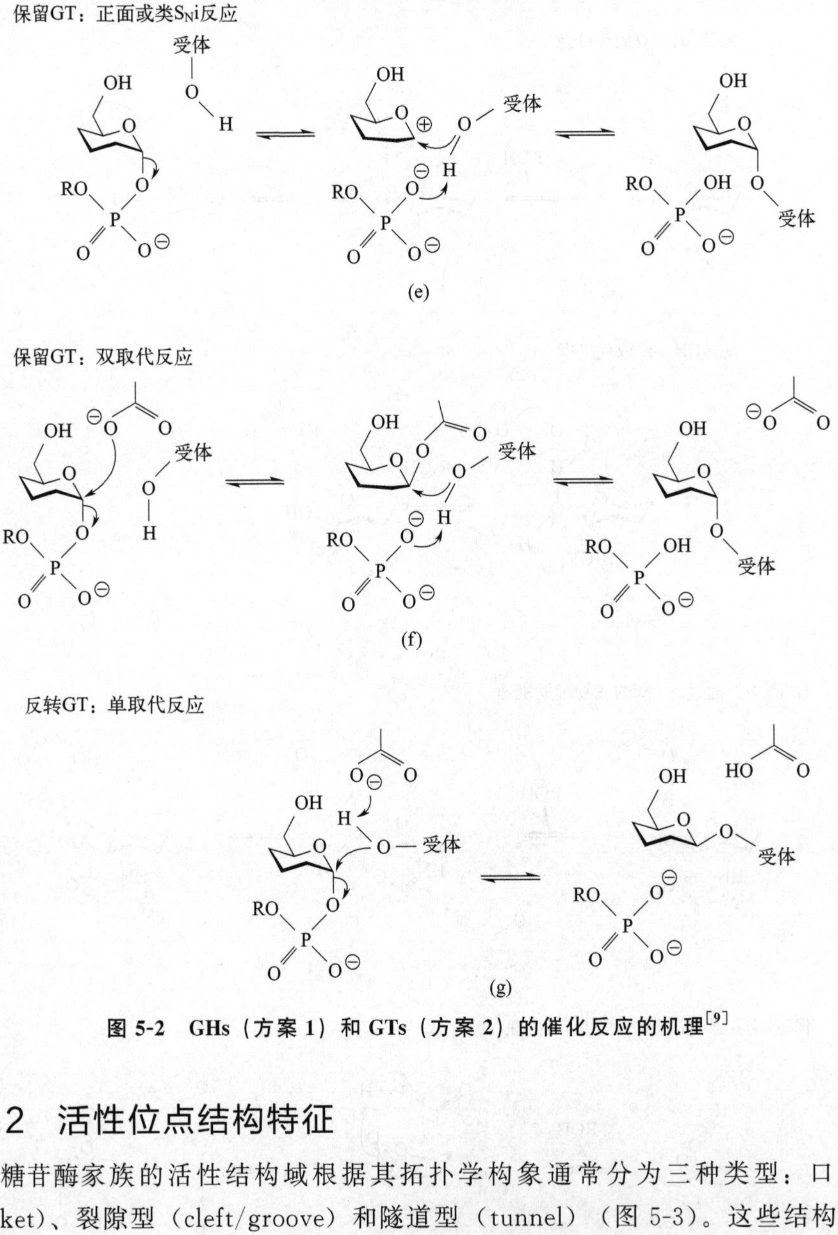

保留GT：正面或类S$_{Ni}$反应

受体

(e)

保留GT：双取代反应

(f)

反转GT：单取代反应

(g)

图 5-2　GHs（方案 1）和 GTs（方案 2）的催化反应的机理[9]

5.2.2　活性位点结构特征

　　糖苷酶家族的活性结构域根据其拓扑学构象通常分为三种类型：口袋型（pocket）、裂隙型（cleft/groove）和隧道型（tunnel）（图 5-3）。这些结构类型与酶的水解特性密切相关。研究表明，外切型糖苷酶多数具有口袋型或裂隙型的活性位点，适合识别寡糖的非还原端，常见于半乳糖苷酶和葡萄糖苷酶等；而内切型糖苷酶则多呈现裂隙型或隧道型的活性位点，常用于处理多糖底物，如纤维素酶和木聚糖酶。隧道型结构可以容纳聚合底物链的延伸，有助于连续催化多个糖苷键的水解，是多糖降解的重要机制。特殊的隧道型活性中心，如纤维二糖水解酶，从裂隙型演化而来，其环形通道结构确保多聚体糖链顺畅通过并保持酶与底物的稳固结合，这对于连续催化反应至关重要，尤其是在微晶纤维素的降解中。例如，GH6 和 GH7 家族的纤维二糖水解酶在水解一个纤维二糖后会沿糖链移动继续水解其他纤维二糖，但水解方向不同，GH6 向还原端水解而 GH7 则相反，这种机制仍在进一步深入研究[13]。

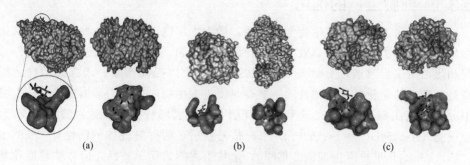

(a)   (b)   (c)

图 5-3 糖苷水解酶中发现的三种类型的活性位点举例

(a) 口袋结合位点：黑曲霉 α-淀粉酶的 X 射线晶体结构（PDB ID：2GVY）；

(b) 裂隙结合位点：胰腺 α-淀粉酶的表面或二级结合位点（PDB ID：1JFH）；

(c) 隧道结合位点中空腔形状的表示：枯草芽孢杆菌麦芽己糖形成

淀粉酶的表面或二级结合位点（PDB ID：2D3N）

5.2.3 机制工程

糖苷水解酶和糖基转移酶作为关键酶类，通过从定向进化到合理设计的多种机制工程方法，应对合成和降解碳水化合物的化学挑战。尽管存在失败案例，但计算机模拟已证实能够通过合理化实验数据，增强对自然及工程化 CAZy 催化机制的理解（图 5-4）。近期研究进展包括：① 糖苷水解酶被转化为糖苷磷酸化酶，②糖基转移酶的底物特异性经重新设计，以形成 O—、N—或 S—糖苷键。虽然仍面临众多挑战，但这些研究为工程化酶在分子层面的操作提供了宝贵见解[14]。

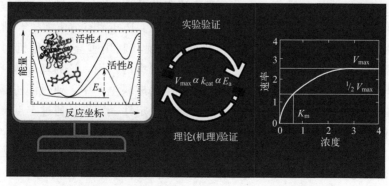

图 5-4 糖苷水解酶和糖基转移酶机制工程的计算机模拟[14]

5.3　糖苷酶工程创新与展望

5.3.1　细胞工厂的优化

随着代谢工程和合成生物学的发展，微生物细胞工厂成为一种可持续合成化学品的高效方法。然而，其效率受蛋白质状态限制。研究人员通过突变、遗传工程和蛋白质工程改造产 β-葡萄糖苷酶的微生物，以提高产量、增强酶活性、提高对葡萄糖的耐受性及其他性质。突变是促进微生物酶生产的常用方法。从土壤中分离的黑曲霉 AS3.4523 β-葡萄糖苷酶基因在大肠杆菌中表达，酶活性较低，经突变（Asp154Gly 和 Ser163Pro）去除信号肽后，两种突变体的活性［(25.88±0.45)U/mL]几乎是野生型的 2 倍[15]。遗传工程如启动子替换、信号肽替换和基因删除可用来促进 β-葡萄糖苷酶的生产。用不同类型的启动子改造草酸青霉，显著提高了其性能和产量，条件性过表达 β-葡萄糖苷酶 Bgl1 和 Bgl4，使用 Bgl2 的诱导型启动子。Bgl1 过表达突变体 I1－13 的 β-葡萄糖苷酶活性增加了 65 倍[16]。海栖热袍菌 β-葡萄糖苷酶经位点定向突变后，显著增加了槲皮素-4′-葡萄糖苷的转化率[17]。β-葡萄糖苷酶突变体 Phe171Trp 显著提高了对葡萄糖和乙醇的耐受性，使其成为生物燃料应用中极具前景的酶[18]。

5.3.2　酶功能特性的调控

（1）活性与稳定性

研究糖苷水解酶（GH）和糖基转移酶（GT）的机制促进了酶性能的工程化设计，以满足工业应用需求。

① GH 耐受机制。基于高葡萄糖耐受 β-葡萄糖苷酶（Bgl6）和三重突变体 M3（随机诱变提高热稳定性）的晶体结构，Pang 等[19] 发现 Bgl6 形成的额外通道可作为葡萄糖二级结合位点，有助于增强葡萄糖耐量。三重突变增强酶内的疏水相互作用，可能是 M3 热稳定性增强的原因。Pengthaisong 等[20] 研究了糖苷水解酶家族 116（GH116）的催化机制，发现其利用垂直质子化机制进行催化，并揭示了关键氨基酸残基在糖苷键裂解过程中的作用，这为理解糖苷水解酶的结构与功能关系提供了新的视角。在二代生物燃料生产中，通过随机氨基酸取代及 MD，研究了新型耐热 β-葡萄糖苷酶的热稳定性，特别是通过定点突变，揭示了静电表面稳定与疏水核心从溶剂中的分离是其主要稳定机制[21]。

② GT 转化合成。微生物糖基转移酶 UGT1 通过特定的工程化方法，显著改善了对原人参三醇（PPT）的 6-区域特异性，从 10.98％提高到 96.26％，同时人参皂苷 Rh1 转化率提高至 95.57％。通过通道工程、PSPG 基序进化进行突变，

生成变体 Ile62Arg/Met320His/Pro321Tyr/Asn170Ala[22]。此外，Met320Trp 单一突变体在 3-区域的选择性提高到了 84.83%，并将 3β-glc-PPT 的转化率提高到 98.13%。利用 UDPG 循环补料分批级联反应，实现了人参皂苷 Rh1（20.48g/L）和 3β-glc-PPT（18.04g/L）的高区域选择性和产率[22]。

（2）催化混杂性

酶结构的可塑性决定了其功能，然而，合理重塑酶构象以定制催化特性仍较难实现。利用定向进化、相关酶的基序交换[23]、活性位点系统性靶向改造以及结构引导的受体底物位型可塑性研究等方法，探讨酶的作用机制[24,25]。通过限制保留型 GH 固有的水解活性，以提高次级转糖活性，进而开发了提高合成产率的酶变体，这些变体利用糖类受体代替水参与催化反应的第二步。糖合酶策略通过突变催化亲核残基以去除水解活性，并结合人工供体（如 β-偶氮糖苷或双环噁唑啉中间体），有效防止产物的二次水解。该策略已成功应用于 α-GH 和 β-N-乙酰己糖苷酶中，用于高效合成乳糖-N-三糖等 HMO 前体[26]。此外，通过适当突变催化亲核残基，具有芳香族离去基团的糖苷底物可在活性位点形成有利于 S_{Ni} 反应的结构[27]。

GT 的工程化较少，但基于结构设计成功获得了具有所需功能的突变体。例如，突变 GT43 家族的保守组氨酸位点，增强了对不同糖核苷酸供体的通用性[28]。此外，通过在 GT6 酶家族中引入来自不同类型 GT 的残基，实现了底物特异性和催化活性的调整[29]。

5.3.3 体系构建的展望

在生物催化剂开发领域，定向进化、计算蛋白质设计和基于机器学习的蛋白质工程技术已经成为推动酶功能改进和新型酶开发的关键驱动力。通过精确调控酶的活性中心和增强其特异性，极大提升了生物催化的潜力。定向进化模拟自然选择机制，优化酶性能；计算蛋白质设计精细调整酶结构以提高催化效率；而机器学习技术则利用大数据预测酶行为，设计新功能。此外，跨学科技术的整合和蛋白质工程的先进应用，使从天然酶到人工设计的酶级联网络得以扩展和优化。人工智能、自动化以及超高通量技术的进展不断推动新型酶、酶促机制以及酶级联的开发，这些新技术的应用为设计和实现全合成途径提供了更多的可能性，弥补了现有路径的不足。

在实际应用中，多酶催化体系尤其显示出从可再生原料合成有价值化学品的潜力，通过细胞内的区室化和底物通道化策略优化多酶反应，使得这些系统在实际生物催化中展现出卓越的催化活性和稳定性。此外，酶选择、蛋白质工程、启动子优化和表达条件优化是构建高效酶系统的关键技术。其迭代应用不仅提升了酶的性能，还提升了整个生物反应系统的效率。具体到案例，Cheng 等[30] 开发的反应动力学模型引导的生物催化剂工程策略通过"动力学模型构建、限制因素分析和生物催化剂工程"的迭代循环，显著提升了双酶系统的偶联效率。在阿托伐他汀前体的生产中，通过酶选择和蛋白质工程调整，以及启动子优化和表达条件的细致调整，实现了在生物反应器中的高时空产率。这些进展不仅优化了生物催化过程，还为全合成途径的设计和实施提供了新的方向和强有力的技术支持。

这些方法的结合不仅加速了酶的开发过程，还拓宽了生物催化在多个行业中的应用前景，预示着生物催化技术未来的创新与突破。

5.4 酶热稳定性及机制研究案例

提高酶的热稳定性对于工业应用至关重要，尤其是在需要高温操作的生产过程中。酶在高温下易失活或降解，这限制了其应用范围。因此，增强酶的热稳定性不仅可以扩大其在工业上的适用性，还能提高催化效率，并增加酶的存储稳定性、延长使用寿命、降低成本。近年来，蛋白质工程通过同源比对、N端氨基酸替换、蛋白质表面电荷调整、二硫键引入、脯氨酸效应利用、B因子分析、自组装肽融合及蛋白质折叠自由能优化等策略，有效提高了酶的热稳定性[31,32]。通过增强蛋白质结构的刚性，如增加 α-螺旋含量、盐桥和氢键数量，减少蛋白质内部空腔，增强疏水性或增加疏水核心，提升酶的热稳定性。随着计算机辅助蛋白质工程的发展，新兴的机器学习和深度学习工具能够预测具有潜在突变优势的蛋白质位点，加速了热稳定性的研究与优化。多种综合策略不仅提升了酶的热稳定性，也为高温工业过程中酶的应用提供了更广阔的前景。

5.4.1 硫化叶菌嗜热糖苷水解酶

来自硫化叶菌属的一种 β-葡萄糖苷酶（SS-Bgl）已在大肠杆菌和酿酒酵母中被克隆并成功表达。重组酶已被纯化到同质性，并表现出与天然表达酶相同的结构和功能特征[33]。

人参皂苷的主要脱糖基化代谢物稀有人参皂苷 CK 具有抗癌、抗糖尿病和抗炎的潜力。然而，在人参中尚未发现天然的 CK，其主要是通过糖基水解原皂苷类糖获得的。目前，生物催化因其独特的优势而显示出巨大前景，而人参皂苷生物催化体系的重建已成为研究热点。为高效生产 CK，建立了基于塔宾曲霉 β-葡萄糖苷酶 BG23 和米曲霉 β-半乳糖苷酶 BGA35 的一锅多酶催化策略[34]，通过蜗牛酶将人参皂苷 Rb1 转化为 CK 也被证明是一种有效的工业生产方法。

SS-Bgl 是一种非常适合 CK 生产的酶。已知有多达 19 种酶可以以人参皂苷 Rb1 为底物制备 CK，其中已提取并纯化了 6 种 β-糖苷酶，而 SS-Bgl 产生的 CK 水平最高。嗜热酶试剂的使用意味着增加反应体系温度，不仅可以提高反应速率，还可以降低污染的风险，提高底物的溶解度。

对 SS-Bgl 的结构修饰研究，主要由阐明其热稳定性与耐热性结构特性的需求所驱动。大量研究主要集中在 SS-Bgl 的三维结构和特定结构特征上，如离子对网络和翻译后修饰，以阐明它们在酶稳定中的作用。通过 α-糖苷水解和位点特异性突变的保留机制，确定了该酶活性位点内的关键催化残基 Glu387 和 Glu206[35,36]。最重要的是，对热稳定性的研究表明，SS-Bgl 在温度大于 85℃时显著失活[37,38]。

用戊二醛活化的壳聚糖固定化 SS-Bgl 不仅提高了酶的热稳定性，而且消除了葡萄糖对产物的抑制作用。同样，不溶性壳聚糖与 SS-Bgl 的共价连接极大地提高了乳糖的水解效率。

诸如定向进化、合理设计和计算机辅助设计等方法已被证明是制备工程嗜热酶的有效策略。例如，通过定点饱和诱变将来自地衣芽孢杆菌的 L-天冬酰胺酶在 55℃的热稳定性提高 65.8 倍[39]。同样，耐热纤维二糖 CtCel6 嗜热菌合理工程使用定点突变，使一个变体在 80℃和 90℃的半衰期分别增加了 1.42 倍和 2.40 倍[40]。理性和半理性的设计策略已被用于识别嗜热硫化叶菌 β-糖苷酶 BglY 的 5 个有利位点的突变，然后在变体 HF5 中重组，在 93℃时使半衰期增加了 4.7 倍[41]。另一种方法结合了 MD 模拟和灵活位点突变的计算预测，以增加抗体片段、转酮醇酶和最近的嗜热脂肪酶的热稳定性。此外，从 MD 模拟的动态互相关图中确定了动态残基的目标网络，并将转酮醇酶变异的熔点温度提高了 3℃[42]。

研究人员根据 SS-Bgl-Rd 复合物中残基水平的结合能贡献选择初始候选位点，然后扩展到通过 MD 模拟确定的具有相关动力学的网络远端残基。采用 CD 和差示扫描量热法（DSC）表征蛋白质结构的稳定性，采用 MD 模拟在分子水平上合理化 SS-Bgl 的耐热性和催化机制[43]。

（1）突变位点的选择

将蛋白质的溶剂可及表面积（SASA）分解到每个残基上，使总结合能分解成每个残基的结合能。假设残基水平上的能量值与残基对酶催化的贡献呈负相关，因此，能量值较低的残基对催化过程的贡献更大。这样，筛选出了对 SS-Bgl-Rd 配合物能量分解贡献最大的 10 个残基，列在表 5-2 中。研究表明，在 SS-Bgl 中，由大量精氨酸组成的强离子对网络是决定其嗜热性的关键。SS-Bgl 中氨基酸的比例及前 10 个贡献残基的位置如图 5-5 所示。位于 SS-Bgl 活性中心的残基 Glu387 和 Glu206 是酶催化的关键位点。在工程过程中应避免改变对蛋白质热稳定性起重要作用的表面离子对网络的变化。因此，位点选择对象转移到与上述关键位点产生协同效应的残基上。

表 5-2　由残基能量分解决定的 10 个关键蛋白-配体络合位点

SS-Bgl-Rd		SS-Bgl-Gln96Glu/Asn97Asp/Asn302Asp-Rd	
位点	总能量	位点	总能量
ARG86	−182.2713	ARG86	−188.2713

SS-Bgl-Rd		SS-Bgl-Gln96Glu/Asn97Asp/Asn302Asp-Rd	
位点	总能量	位点	总能量
ARG131	−176.9231	ARG131	−183.0630
ARG185	−178.3453	ARG185	−187.8100
ARG245	−177.6951	ARG440	−182.8310
ARG307	−178.5204	ARG307	−184.0050
ARG324	−175.8521	ARG411	−186.1270
ARG378	−175.1823	ARG378	−183.2030
ARG420	−176.9958	ARG420	−183.5200
ARG140	−177.3881	ARG140	−183.2360
ARG313	−175.3274	ARG234	−183.2360

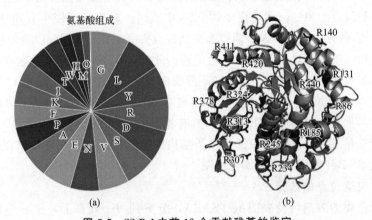

图 5-5　SS-Bgl 中前 10 个贡献残基的鉴定

（a）SS-Bgl 氨基酸的比例；（b）表 5-2 中涉及的前 10 个贡献残基的位置

　　动态残差互相关常用于分析残基间的协同效应。最近也有研究表明，残基网络可以在酶活性位点 33 上发挥远距离作用，因此是突变的有用靶点。以 12 个关键残基为分析目标，利用残基水平动态互相关映射来确定 SS-Bgl-Rd 复合结构中的其他动态耦合残基。Ohm 服务器用于寻找和表征蛋白质中的变构通信网络，与以前开发的基于模拟的方法不同，它仅基于蛋白质结构。Ohm 服务器对远端效应通路进行分析，图 5-6（b）显示了影响 Glu206 的通路之一，列在相关位点的图中。为提供进一步的支持，用最短路径算法（SPM）补充分析，如图 5-6（c）所示。SPM 可以绘制耦合残差网络，并提供更多关于预测相互作用的性质细节。通过总结 Ohm 确定的 7 个效应通路和 SPM 分析中涉及的残差位点，最终确定了 6 个残基水平上的动态互相关域。

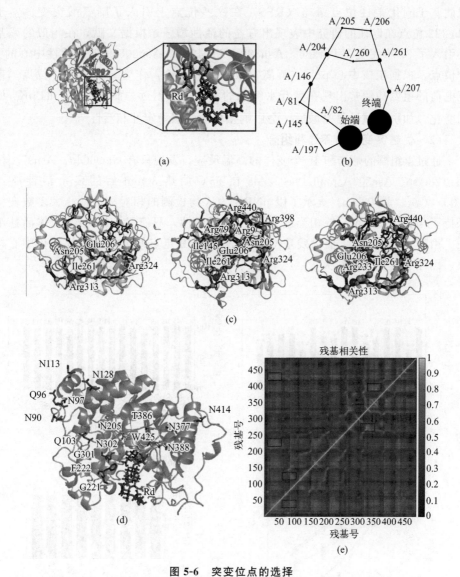

图 5-6　突变位点的选择

（a）SS-Bgl-Rd 复合物，由分子对接构建；（b）Glu206 效应通路之一；（c）SPM 沿着进化路径的表示；
（d）从残基动态互相关中选择了 16 个残基位点；（e）残基动态互相关域

　　如图 5-6（d）所示，从 6 个动态互相关域中选择了 16 个位点，其中每个位点
都根据单个残基特征进行了突变目标的确定。蛋白质表面电荷设计通常涉及谷氨
酰胺和天冬酰胺转化为相应的酸性氨基酸，这一过程影响蛋白质的热稳定性和
pI。Asn90、Gln96、Asn97、Gln103、Asn113、Asn128、Asn302、Asn377 和
Asn414 是位于蛋白质 SS-Bgl 表面的 9 个残基，被选择诱变成适当的带电残基。
根据均方根平均波动（RMSF）的判断，Gly221 和 Gly301 位于一个柔性环区，

因此基于刚化柔性位点策略（RFS）在这些位点上引入了脯氨酸突变。鉴于Phe222位点在以往的研究中表现出有益的活性增强，根据文献，在相似的残基上引入了37个突变。Thr386、Asn388、Trp425和Asn205是催化活性中心的4个位点，根据亲核中心 pK_a（解离常数）设计理论，作为突变的目标位点。带正电荷的组氨酸经常出现在糖苷水解酶的活性位点附近。而亲核中心的 pK_a 值的变化，如引入碱性氨基酸后，会影响蛋白质的热稳定性和活性[44]。

(2) 优越突变体的筛选和组合

通过重组酶的筛选和16个变体的高温反应，发现只有Gln96Glu、Asn97Asp、Asn128Asp、Asn302Asp和Phe222Ala在95℃加热30min后的残余活性略高[图5-7(a)]。图5-7(b)显示了以pNPG为底物检测的相对酶活性。大多数变体保持了与野生型（WT）相当的pNPG水解活性，只有Asn205His变体活性消失。由于Asn205位于催化残基Glu206附近，其定点修饰可能干扰催化中心构象，因此工程化难度较大。

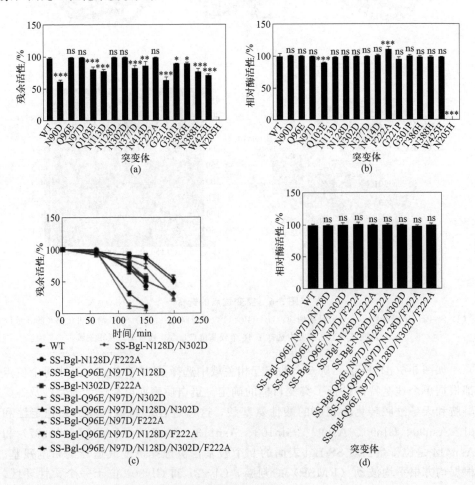

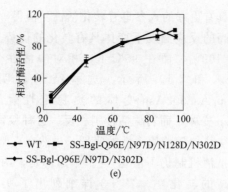

图 5-7 WT 和突变体的筛选和酶活性鉴定

(a) 在 95℃下反应 30min 残留酶活性；(b) 以 pNPG 为底物的变体的相对酶活性；
(c) 95℃下的热稳定性曲线；(d) 以 pNPG 为底物的多种变体的相对酶活性；(e) WT 及其变体的最适温度
数据以平均值±标准差（$n=5$）表示。＊代表 $P<0.05$、＊＊代表 $P<0.01$ 和＊＊＊代表 $P<0.001$
与 WT 组相比均有统计学意义。表明与 WT 组间无显著性差异

组合变体通常表现出比单点突变体优越的特性。为了进一步提高稳定性，将优越的突变随机合并为新的变异。如图 5-7（c）所示，热稳定性实验显示，除了 SS-Bgl-Asn128Asp/Asn302Asp 的稳定性低于 WT 外，组合变体的稳定性在不同程度上优于 WT。在 95℃下，120min 后 WT 活性下降到 33％，而 SS-Bgl-Gln96Glu/Asn97Asp/Asn128Asp/Asn302Asp 和 SS-Bgl-Gln96Glu/Asn97Asp/Asn128Asp/Asn302Asp/Phe222Ala 变体在 200min 后分别保持 54％和 48％的活性。

95℃的热稳定性实验表明，SS-Bgl-Gln96Glu/Asn97Asp/Asn302Asp 和 SS-Bgl-Gln96Glu/Asn97Asp/Asn128Asp/Asn302Asp 的半衰期分别为 2.8h 和 3.6h，而 WT 仅为 1.1h。此外，分析了一些失败的案例，例如，嗜热绦虫 β-糖苷酶 BglY 结合 5 种有利突变，导致突变体 HF5 的半衰期增加 4.7 倍，但在 93℃下热失活；嗜热古菌 D-溶糖异构酶 80℃热处理 60min 后活性下降到 60％[41,45]。与目前常用但不稳定的蜗牛酶相比，SS-Bgl 在高效人参皂苷转化方面具有巨大的优势，工业应用可行性更高。选择 8 个热稳定性提高的多重突变体进行后续的人参皂苷转化实验。

（3）Rb1 向 CK 的生物转化

人参皂苷的生物转化分别在 85℃和 95℃下直接进行。为了生产 CK，SS-Bgl 依次水解 Rb1 的第 20 位和第 3 位的糖苷，转化路径为 Rb1 ⟶ Rd ⟶ F2 ⟶ CK，如图 5-8（a）所示。标准样品组、对照组、样品组的液相色谱图如图 5-8（b）所示。从色谱图中可以看出，SS-Bgl 及其变体在整个转化途径中都有 Rd 的积累，而基本无法检测到 Rb1 和 F2。在 8 种变体中，只有 SS-Bgl-Gln96Glu/Asn97Asp/Asn302Asp 和 SS-Bgl-Gln96Glu/Asn97Asp/Asn128Asp/Asn302Asp

在两种反应温度下均具有更好的人参皂苷转化活性。值得一提的是，由于变体的热稳定性提高，在较高的反应温度下变体具有转化的优势。在85℃下，相对酶活性分别为102％和109％，而在95℃下，相对酶活性分别增加到161％和116％，如图 5-8（c）和（d）所示。这些结果表明，SS-Bgl-Gln96Glu/Asn97Asp/Asn128Asp/Asn302Asp 变体的热稳定性优于 SS-Bgl-Gln96Glu/Asn97Asp/Asn302Asp 变体，而转化活性则相反。这种权衡在酶工程中很常见，其中热稳定性的增加往往伴随着酶活性的降低。虽然在克服这一限制方面已经取得了一些进展，但其抵消机制仍不清楚[46]。幸运的是，两种热稳定性增强的变体都比 WT 具有更高的转化率。表 5-3 详细列出了变种 SS-Bgl-Gln96Glu/Asn97Asp/Asn302Asp 和 SS-Bgl-Gln96Glu/Asn97Asp/Asn128Asp/Asn302Asp 在 95℃所对应的 CK 生产速率和酶活性数据。

在 95℃时，最佳变异酶的 CK 生产速率达到 3727mg/（L·h），相对其他酶，如胞外酶[418mg/（L·h）]和 β-葡萄糖苷酶[97mg/（L·h）]显著提升。转化率的提高和对高温生产条件的强适应性将为嗜热菌人参皂苷转化的工业应用提供强有力的支持。

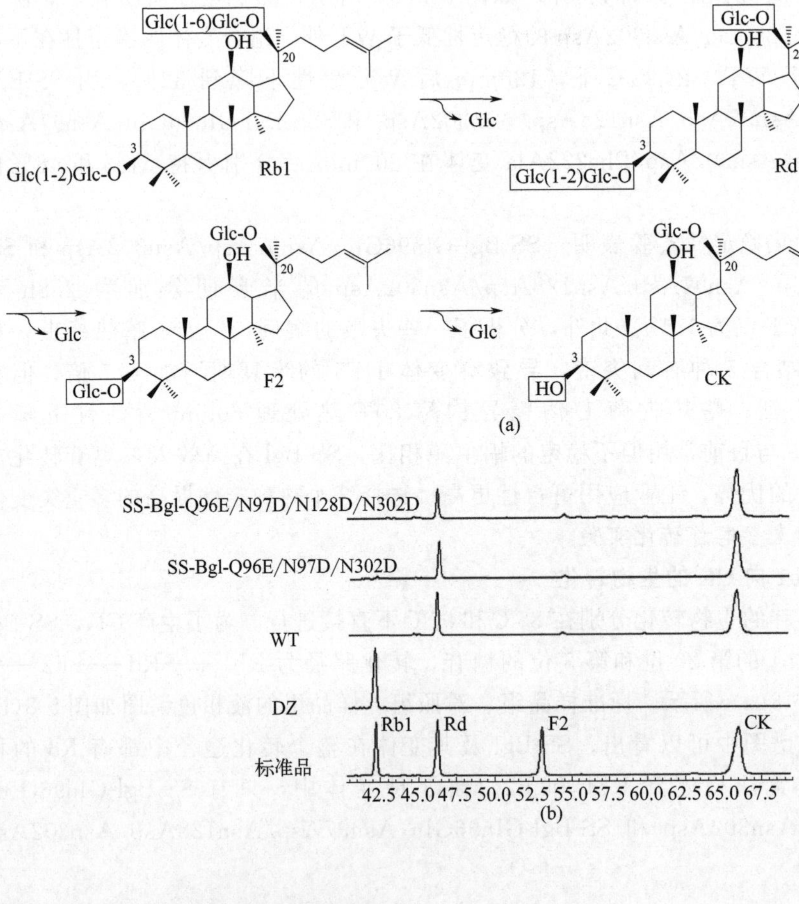

(a)

(b)

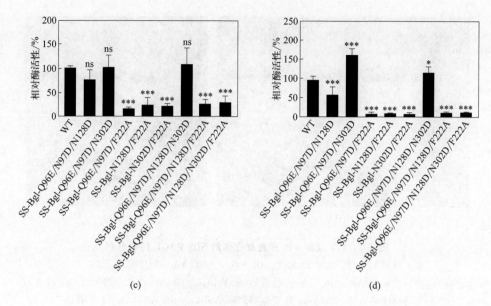

(c)   (d)

图 5-8　人参皂苷的生物转化

（a）SS-Bgl 转化 Rb1 到 CK 的途径；（b）CK 转化过程的 HPLC 图；

（c）WT 及其变体 SS-Bgl-Gln96Glu/Asn97Asp/Asn302Asp 在 85℃ 时转化人参皂苷的相对活性；

（d）WT 及其变体 SS-Bgl-Gln96Glu/Asn97Asp/Asn302Asp 在 95℃ 时转化人参皂苷的相对活性

数据以平均值±标准差（$n=5$）表示。* 代表 $P<0.05$，** 代表 $P<0.01$，*** 代表 $P<0.001$ 与

WT 组比较被认为有统计学意义，ns 代表与 WT 组差异无统计学意义

表 5-3　WT 及其变体在 95℃ 下的生物转化活性

突变体	CK 生产速率/ [mg/(L·h)]	酶活性/IU	酶比活/ (IU/mg)
WT	1995	1.07	1.12
SS-Bgl-Gln96Glu/Asn97Asp/Asn302Asp	3727	1.99	1.73
SS-Bgl-Gln96Glu/Asn97Asp/Asn128Asp/Asn302Asp	2540	1.37	1.20

(4) 酶的特性

表达和纯化的 WT 和变异酶的 SDS 聚丙烯酰胺凝胶电泳（SDS-PAGE）（图 5-9）证实其分子质量在 60kDa 左右，而突变对分子质量显著影响。

SS-Bgl-Gln96Glu/Asn97Asp/Asn302Asp 和 SS-Bgl-Gln96Glu/Asn97Asp/Asn128Asp/Asn302Asp 显示出增强的热稳定性和人参皂苷转化活性，在 25～95℃ 的温度范围内进行了活性测试。如图 5-7（e）所示，组合突变体 SS-Bgl-Gln96Glu/Asn97Asp/Asn302Asp 和 SS-Bgl-Gln96Glu/Asn97Asp/Asn128Asp/Asn302Asp 在 95℃ 及以上均具有最大的活性，最佳温度比 WT 的 85℃ 有很大的提高。这表明，酶变体热稳定性的增加优化了催化条件。

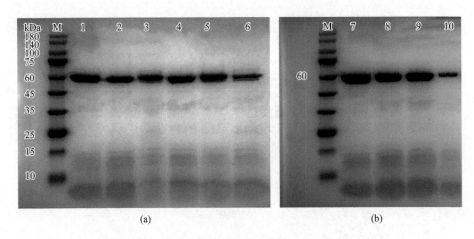

(a)   (b)

图 5-9　WT 及其 9 个多重突变体的 SDS-PAGE 纯化分析

（a）泳道 1，WT；泳道 2，SS-Bgl-Gln96Glu/Asn97Asp/Asn128Asp；泳道 3，
SS-Bgl-Gln96Glu/Asn97Asp/Asn302Asp；泳道 4，SS-Bgl-Gln96Glu/Asn97Asp/Phe222Ala；泳道 5，
SS-Bgl-Asn128Asp/Asn302Asp；泳道 6，SS-Bgl-Asn128Asp/Asn302Asp；（b）泳道 7，
SS-Bgl-Asn302Asp/Asn302Asp；泳道 8，SS-Bgl-Gln96Glu/Asn97Asp/Asn128Asp/Asn302Asp；
泳道 9，SS-Bgl-Gln96Glu/Asn97Asp/Asn128Asp/Phe222Ala；
泳道 10，SS-Bgl-Gln96Glu/Asn97Asp/Asn128Asp/Asn302Asp/Phe222Ala

DSC 测量的热转变熔点温度代表 50％蛋白质变性的温度。如表 5-4 所示，变体 SS-Bgl-Gln96Glu/Asn97Asp/Asn302Asp 和 SS-Bgl-Gln96Glu/Asn97Asp/Asn128Asp/Asn302Asp 的熔点温度值分别比 WT 高 12.6℃和 14.3℃。这与基于催化活性的热稳定性结果一致，表明该变体相对于 WT 具有优越的稳定性。

表 5-4　WT 和突变体在 95℃处的熔点温度和半衰期

变体	熔点温度/℃	熔点温度变化/℃	95℃时半衰期/h
WT	89.6	—	1.1
SS-Bgl-Gln96Glu/Asn97Asp/Asn302Asp	102.2	12.6	2.8
SS-Bgl-Gln96Glu/Asn97Asp/Asn128Asp/Asn302Asp	103.9	14.3	3.6

该变体对于四种底物中的人参皂苷 Rd 表现出最低的 K_m，其对应的 k_{cat} 值约为底物 pNPG 的 1/100（表 5-5）。从催化效率的角度来看，变体对人参皂苷 Rd 的催化效率较低，与文献中描述的限速步骤一致[47]。与 WT 相比，SS-Bgl-Gln96Glu/Asn97Asp/Asn302Asp 和 SS-Bgl-Gln96Glu/Asn97Asp/Asn128Asp/Asn302Asp 对人参皂苷 Rd 的水解效率略有提高。

三种类型人参皂苷水解的酶动力学参数表明，催化效率的提高可能有助于提升生物转化效率，这主要是由于随反应温度升高，酶活性得以较高程度保留。

表 5-5　WT 和 WT 变体的动力学参数

变体	底物	$K_m/(\mu mol/L)$	k_{cat}/min^{-1}	k_{cat}/K_m /[$\mu mol/(L \cdot min)$]
WT	pNPG	500±180	21060±660	42
	Rbl	750±480	380±80	0.5
	Rd	140±90	150±20	1.1
	F2	24800±13100	8570±300	0.4
SS-Bgl-Gln96Glu/ Asn97Asp/Asn302Asp	pNPG	490±170	21840±660	45
	Rbl	570±420	330±90	0.6
	Rd	235±53	160±70	0.7
	F2	19400±5900	8600±760	0.4
SS-Bgl-Gln96Glu/Asn97Asp/ Asn128Asp/Asn302Asp	pNPG	440±150	22700±600	52
	Rbl	1610±630	1010±1660	0.6
	Rd	250±220	270±90	1.1
	F2	7700±2900	6200±4000	0.8

（5）二级结构分析

通过以往对嗜热菌的研究，蛋白质表面电荷、疏水作用、氢键和二硫键被认为是影响热稳定性的关键因素。为研究蛋白质结构对热稳定性的影响，采用远紫外 CD 分析测定 WT 和变体 SS-Bgl-Gln96Glu/Asn97Asp/Asn302Asp 的二级结构。CD 谱（表 5-6）表明，该变体的突变导致了某些二级结构的轻微增加，如 α-螺旋增加，无序结构减少。蛋白质中 α-螺旋和 β-折叠结构比例的增加，形成了更多的分子内相互作用，如氢键和疏水相互作用，这是影响蛋白质结构稳定性的重要因素，与其他人的研究一致[48]。

表 5-6　WT 和 SS-Bgl-Gln96Glu/Asn97Asp/Asn302Asp 的二级结构比例

酶	α-螺旋/%	β-折叠/%	转角/%	无规卷曲/%
WT	27.2	24.3	22	26.5
SS-Bgl-Gln96Glu/ Asn97Asp/Asn302Asp	29.3	25.3	20.1	25.3

（6）MD 模拟

① 蛋白质和对接配合物的结构稳定性比较。在 SS-Bgl 催化 Rb1 转化为 CK 的过程中，Rd 转化为 F2 是限速步骤。在此基础上，将 Rd 分子对接到 WT 和变

体 SS-Bgl-Gln96Glu/Asn97Asp/Asn302Asp 中进行 MD 模拟，并与未对接的蛋白质进行比较[49]。在没有 Rd 的情况下，该变体在 30~55 和 330~355 残基附近表现出更高的波动，表明突变增加了这两个区域结构的灵活性。对接复合物均表现出较低的均方根偏差（RMSD）值。DSSP（define secondary structure of proteins）是一种标准算法，用于将蛋白质中氨基酸残基根据其二级结构（如 α-螺旋、β-折叠、无规卷曲等）进行分类。在模拟研究中，我们进一步分析了突变体蛋白质与底物配体复合物的二级结构变化及其关联性。通过 DSSP 分析，发现变体 SS-Bgl-Gln96Glu/Asn97Asp/Asn302Asp 与 WT 之间的 α-螺旋结构含量存在显著差异，这与 CD 光谱分析的结果一致。此外，随着模拟时间的增加，蛋白质稳定性逐渐降低，蛋白质膨胀表现为二级结构减少，随机卷曲结构增加，但变体 SS-Bgl-Gln96Glu/Asn97Asp/Asn302Asp 通过保留二级结构仍表现出更高的稳定性。

② 底物-蛋白质结合的分析。图 5-10 为复合物 SS-Bgl-Gln96Glu/Asn97Asp/Asn302Asp-Rd 的残基能量分解结果，突变蛋白 SS-Bgl-Gln96Glu/Asn97Asp/Asn302Asp-Rd 中大部分关键残基与 WT 一致，突变修饰后相同位点的能量值降低，这表明突变更有利于关键残基性质的提升，与基本未受影响的动力学参数相一致。SASA 可用于表征蛋白质与小分子配体的结合程度，是评估蛋白质折叠和疏水性的关键参数。如图 5-10(a) 所示，SASA 在整个模拟周期中持续下降，变体 SS-Bgl-Gln96Glu/Asn97Asp/Asn302Asp-Rd 的 SASA 仍然低于 SS-Bgl-Rd。根据这些结果，发现突变限制了蛋白质与周围微环境中水分子的相互作用，提高了整体疏水性。因此，突变蛋白质与 Rd 包裹得更紧密，在 SS-Bgl-Gln96Glu/Asn97Asp/Asn302Asp-Rd 中产生更强的亲和力。从配合物中氢键的数量也可以得出同样的结论［图 5-10（b）和（c）］。SS-Bgl-Gln96Glu/Asn97Asp/Asn302Asp-Rd 配合物中的分子间氢键数在模拟开始时增加，在 200ns 后稳定在 11 个左右。相比之下，SS-Bgl-Rd 配合物体系在约 4 个分子间氢键处结束了模拟，远低于变体配合物。这些结果证实了蛋白质的分子内相互作用力、整体疏水性和配体结合力是提高蛋白质稳定性和催化活性的关键因素。

(7) 显性构象和分子相互作用的计算分析

在变体中引入突变通常会导致天然蛋白质构象的再分配，新构象的出现以及不同构象之间转变速率的变化会影响蛋白质的功能。基于主成分分析（PCA），结合自由能景观（FEL）图，马尔可夫状态模型（MSM）分析揭示了 SS-Bgl-Rd 与 SS-Bgl-Gln96Glu/Asn97Asp/Asn302Asp-Rd 的主要构象之间的转变。

图 5-11(a)~(c)为比较生物大分子的运动和构象差异的 PCA 和 FEL 图。在 FEL 图中，最佳构象表示最低的能量值。在 SS-Bgl-Gln96Glu/Asn97Asp/Asn302Asp-Rd 体系中，状态 3 是最稳定、最占优势的构象，占模拟时间的比例最大，为 38.2%。图 5-11(d) 描述了四种主要构象之间过渡关系的 MSM 分析。

构象1——>3 和 2——>3 的转变速率明显快于其他构象。

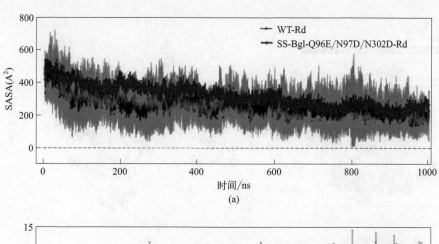

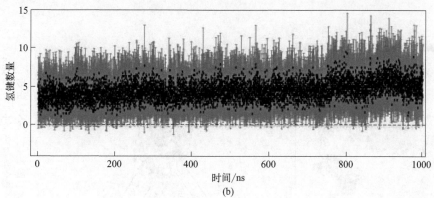

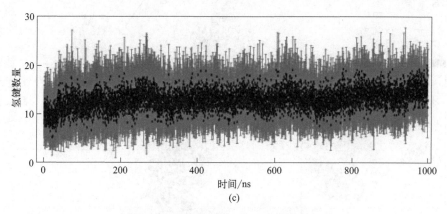

图 5-10　复合物的 SASA 和氢键分析

（a）SASA 图；（b）SS-Bgl-Rd 复合物氢键分析；

（c）SS-Bgl-Gln96Glu/Asn97Asp/Asn302Asp-Rd 复合物的氢键分析

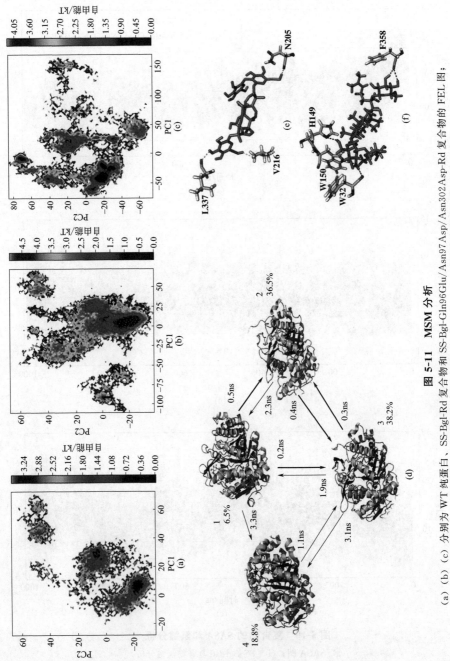

图 5-11 MSM 分析

(a) (b) (c) 分别为 WT 纯蛋白、SS-Bgl-Rd 复合物和 SS-Bgl-Gln96Glu/Asn97Asp/Asn302Asp-Rd 复合物的 FEL 图；
(d) 为 SS-Bgl-Gln96Glu/Asn97Asp/Asn302Asp-Rd 复合物主要构象之间的 MSM 转化关系；
(e) (f) 分别为 S5 中 Rd 与 SS-Bgl 之间、S3 中 Rd 与 SS-Bgl-Gln96Glu/Asn97Asp/Asn302Asp 之间的相互作用力分析

WT-Rd 和 SS-Bgl-Gln96Glu/Asn97Asp/Asn302Asp-Rd 的结合自由能分别为 -43.51kcal/mol，-57.83kcal/mol，很明显，SS-Bgl-Gln96Glu/Asn97Asp/Asn302Asp 与小分子 Rd 的键合稳定性优于 WT，这与上述结果一致。对主导构象的配合物相互作用的研究，如图 5-11(e) 和（f）所示，结果表明蛋白质与 Rd 之间的主要相互作用力是氢键。在 S5 中，Rd 和 Leu337、Val216 和 Asn205 残基之间的三个氢键使小分子具有可塑性。而在 S3 中，Rd 在与 Trp32、Trp150、His149 和 Phe358 残基之间形成的 5 个氢键的协同作用下向内折叠，这增加了小分子和活性中心之间的接触面积，使反应更容易进行。分析底物和蛋白质之间的氢键力表明，突变导致底物 Rd 和蛋白质绑定形态变化是多个残基通过氢键网络协同效应的结果，也是影响酶催化效率的一个因素。

(8) 小结

β-葡萄糖苷酶（SS-Bgl）是糖基化原二醇人参皂苷 CK 的高效生物催化剂。为提高 SS-Bgl 的热稳定性，通过 MD 模拟分析了 SS-Bgl 与人参皂苷 Rd 对接复合物中各残基的相互作用能，并识别了前 10 个关键贡献残基。通过 Ohm 服务器对残基的动态互相关域映射来确定突变的目标位点，从而识别与关键结合残基相互作用的远端残基网络。根据位点特征合理确定目标突变。将单个突变体重组得到了两个最有前景的变体 SS-Bgl-Gln96Glu/Asn97Asp/Asn302Asp 和 SS-Bgl-Gln96Glu/Asn97Asp/Asn128Asp/Asn302Asp，在 95℃ 下的半衰期分别增加了 2.5 倍和 3.3 倍，活性分别为野生型的 161％ 和 116％。

5.4.2　糖基转移酶 Bs-YjiC

根据三萜骨架，人参皂苷被分为原人参二醇（PPD）和原人参三醇（PPT）。通过改变连接到原糖苷的糖的数量、位置和类型来改变糖基化模式，可以显著扩展人参皂苷的结构多样性。稀有人参皂苷 Rh2 对各种肿瘤具有抑制作用，可以拮抗药物副作用，保护机体细胞并提高免疫力。已证明人参皂苷 F12 对各种癌细胞表现出高细胞毒性作用。

糖基化是天然产物生物合成的关键机制，可通过形成不同的糖苷来提高溶解性、稳定性和生物利用度。然而，人参皂苷的化学糖基化反应条件严苛，产物的结构和类型难以控制。随着绿色化学和可持续化学的发展，新的酶催化反应介质（如绿色溶剂）有望克服现有生物催化剂的缺点。通过尿苷二磷酸依赖性糖基转移酶介导的体外酶促糖基化已被用于克服这些挑战。然而，尿苷二磷酸葡萄糖（UDPG）等糖基供体昂贵稀缺。蔗糖合成酶（SuSy）是一种关键的生物催化剂，催化廉价蔗糖和尿苷二磷酸转化为 UDPG 和果糖。蔗糖合成酶不仅能够有效地利用廉价易得的蔗糖，且生成的 UDPG 可用于许多重要的生化反应，如糖基化和多糖合成等。SuSy 能够降低成本并提高生产效率，因此其在工业应用中具有重要意义。

Bs-YjiC 是发现于枯草芽孢杆菌 168 中的一种强大且多功能的糖基转移酶（UGT）。*Bs*-YjiC 能够糖基化 19 种结构多样的天然产物前体物质，并利用 UDPG 作为糖供体形成糖苷。还能够连续催化 PPD 和 PPT 的糖基化反应，合成各种罕见和非天然的人参皂苷[50,51]。因此，*Bs*-YjiC 的开发将扩展天然产物的结构和功能多样性，有益于新型化合物的开发。目前，仅对 *Bs*-YjiC 的区域选择性、立体特异性和酶活性进行了广泛研究。通过半理性设计构建了单变体 M315F，成功提高了 YjiC 合成 Rh2 的区域选择性（约 99%），并阻断了 C_{12}—OH 的进一步糖基化[52]。然而，*Bs*-YjiC 的热稳定性机制尚未确立。

热稳定性、催化效率和底物特异性决定了工业酶应用的可行性。高温可以提高反应速率，减少微生物污染并提高底物溶解度。可以通过蛋白质设计来提高酶的热稳定性。PoPMuSiC-2.1 算法通过五折交叉验证过程来评估和预测蛋白质突变引起的稳定性变化。该方法可以快速计算去除 10% 异常值后的蛋白质单体点突变对稳定性的影响，并用于估算蛋白质序列中每个氨基酸的优化与其结构稳定性之间的相关性。

从枯草芽孢杆菌 168 中克隆了糖基转移酶 *Bs*-YjiC 的基因，并在大肠杆菌 BL21（DE3）中表达。通过 PoPMuSiC 自由能计算，选择了氨基酸突变位点，并成功获得了热稳定性改善的突变体。最后，通过结构分析和 MD 模拟探讨了变体高热稳定性的机制。该研究为其他糖基转移酶的热稳定性修饰提供了宝贵借鉴。

(1) *Bs*-YjiC 热稳定性变体的筛选

① 基于 ΔG 计算选择关键残基

为提高葡萄糖基转移酶 *Bs*-YjiC 的热稳定性，采用 PoPMuSiC 算法对野生型（WT）YjiC 的蛋白质结构进行了计算。较小的去折叠自由能（ΔG）表明变体比 WT 更稳定。在此，选择了去折叠自由能（ΔG）小于 -3.5kcal/mol 的 16 个点进行实验。在 45℃反应 90min 后，K125I、N178I 和 P313W 变体的残留活性分别为 91.05%、87.42% 和 89.48%，它们比 WT 更能抵抗热处理。此外，初始酶活性没有降低（图 5-12）。

选择 K125I、N178I 和 P313W 变体进行组合突变，以提高葡萄糖基转移酶 *Bs*-YjiC 的热稳定性。与 WT 相比，K125I/N178I 和 K125I/P313W 变体的初始酶活性分别提高到了 105.47% 和 104.72%。在 45℃反应 90min 后的残留活性分别为 97.58% 和 94.31%。变体的初始活性也得到了改善。因此，选择了热稳定性最佳的 K125I/N178I 变体进行后续分析。

有利的氨基酸突变常常对蛋白质的热稳定性产生累积或协同效应。K125I/N178I 变体的热稳定性增加表明了协同效应的可行性（图 5-12）。然后，纯化的酶（K125I/N178I 和 WT）在 55℃加热，并在冰浴中间歇取样。发现 WT 在 55℃半衰期为 21.27min，而 K125I/N178I 半衰期为 39.28min。与 WT 相比，

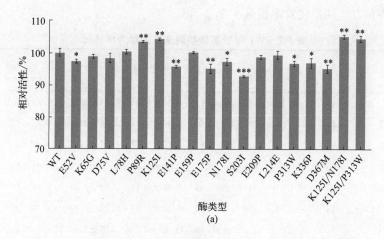

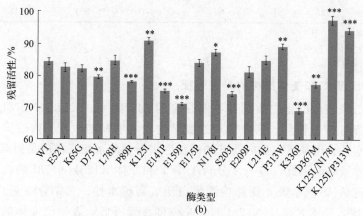

图 5-12 位点突变对 *Bs*-YjiC 酶活性的影响

（a）WT 及其酶变体的初始活性，野生型（WT）的酶活性定义为 100％；（b）在 45℃反应 90min 后，
酶变体的残留活性

未经热处理的酶活性定义为 100％。数据显示的均值为±SD。进行 3 个生物重复，
差异采用单因素方差分析，然后进行 *t* 检验。所有数据均采用 GraphPad Prism 8.0 进行统计学分析。
"＊"表示 $P<0.05$，"＊＊"表示 $P<0.01$，"＊＊＊"表示 $P<0.001$

K125I/N178I 在 55℃加热 5h 后仍保持 40％的活性，且其半衰期增加了 18min。
尽管 K125、N178 和 P313 这三个残基处于远离底物结合位点的位置，但它们之间的相互作用显著提高了酶的特异活性，表明不直接与底物形成相互作用的残基也可以影响 *Bs*-YjiC UGT 的酶活性。

    ② 组合变体的动力学参数

    进一步研究 WT 和变体的酶学性质。与 WT 相比，所有变体的熔点都较高。组合变体 K125I/N178I 的熔点升高了 7.2℃，而最佳反应温度提高了 5℃。这些结果表明，Lys125 和 Asn178 的取代显著影响了酶的活性。K125I/N178I 的 K_m 值比 WT 低 11.4％（表 5-7），说明变体 K125I/N178I 对底物人参皂苷 PPD 具有较高的亲和力，其催化效率提高了 1.21 倍。

表 5-7　WT 和糖基转移酶变体的动力学特征

酶	$T_{opt}/℃$ [①]	$T_m/℃$	$K_m/(μmol/L)$	$V_{max}/(U/mg)$	K_{cat}/s^{-1}	K_{cat}/K_m /[L/(mol·s)]	参考文献
WT	40	47.30	131.90±32.12	8.32±0.36	0.96±0.06	$0.72×10^4$	Ts [②]
K125I	40	51.08	127.90±22.4	8.60±0.41	0.99±0.05	$0.77×10$	Ts
N178I	40	48.28	132.30±33.82	8.75±0.62	1.01±0.07	$0.76×10$	Ts
P313W	40	50.04	136.40±32	8.94±0.60	1.11±0.08	$0.81×10^4$	Ts
K125I/N178I	45	54.51	116.90±22.49	8.82±0.45	1.01±0.05	$0.87×10^4$	Ts
K125I/P313W	45	53.07	120.80±23.11	8.56±0.44	0.98±0.05	$0.82×10$	Ts
Bs-YjiC	40	ND [③]	163.00±16.76	11.40±0.39	1.31±0.04	$0.34×10^4$	[52]
M315F	35	ND	ND	ND	ND	ND	[52]

① 最佳温度。

② Ts：上述研究内容。

③ ND：未检测到。

（2）*Bs*-YjiC 和变体结构的光谱表征

不同二级结构的蛋白质具有不同强度的 CD 谱[53]。K125I/N178I 的 CD 谱图变化趋势与 WT 相当，该突变对二级结构没有明显的改变。通过降低蛋白质表面的疏水性、增强蛋白质内残基的疏水性来增强疏水相互作用是提高蛋白质稳定性的有效策略。因此，进一步分析了 WT 和变体 K125I/N178I 的疏水性和灵活性。通过 ANS 疏水荧光探针检测蛋白质表面疏水性，它结合在蛋白质表面。与 WT 相比，变体 K125I/N178I 的荧光强度显著降低，表明该变体的表面疏水性降低。这可能会使整个蛋白质的结构更加紧凑。

蛋白质的热稳定性与内部残基的疏水性呈正相关，与柔韧性呈负相关。WT 和变体 K125I/N178I 的疏水性和灵活性最初使用在线软件 ProtScale 进行表征。取代 Lys125 和 Asn178 分别增加了 124～126 和 177～179 区域的疏水性，降低了柔韧性。因此，提高变体 K125I/N178I 的热稳定性与蛋白质内部残基疏水性的增加和蛋白质内灵活性的降低有关。

（3）增强 *Bs*-YjiC 热稳定性的分子机理

① 同源建模

结构模型用以 *Bs*-YjiC 结构（PDB ID：6KQX）为模板的 Swiss-Model 服务器构建。预测结构的 QMEAN z 分数为 −1.42。YjiC 采用经典的 GT-B 折叠域（图 5-13），由两个类似 Rossman 的 β/α/β 折叠域组成。该预测模型可用于分子对接和 MD 分析。

为了将小分子 PPD 连接到二元复合物中，使用了含小分子 UDP 的 6KQX 结构作为参考，并使用 AutoDock 进行了分子对接（图 5-13）。PPD 和 UDP 分

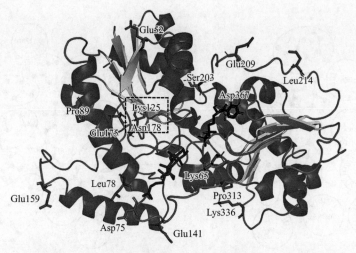

图 5-13 糖基转移酶 *Bs*-YjiC（PDB ID：6KQX）与原人参二醇（PPD）的分子对接模型（彩图见书末彩插）

图中：α-螺旋（红色）、β-折叠片层（黄色）、环区及其他二级结构（绿色）；
配体 PPD（蓝色）、UDP（品红色）；突变位点标记（青色）

别与 YjiC 的 N 末端（残基 6～199）和 C 末端结构域（残基 222～387）结合，而突变位点（Lys125 和 Asn178）位于距离底物结合位点两个相邻 β-折叠片层之外。LigPlot+分析显示，突变对底物结合位点几乎没有影响，WT 和突变 Lys 125Ile/Asn178 Ile 均表现出与 PPD 有 8 个疏水相互作用力和 3 个氢键，与 UDP 有 6 个疏水相互作用力和 14 个氢键（图 5-14）。Lys125 位点突变导致与 Glu175 之间的疏水相互作用增加，Asn178 位点突变增加了与 Cys127 的相互作用力。因此 Lys125 和 Asn178 之间的疏水相互作用可能是协同作用出现的原因。

酶与配体之间的相互作用可以显著影响催化活性、底物结合亲和力和酶的稳定性。对纯蛋白质及其配体复合物进行了 MD 模拟，RMSD 波动稳定后，在 100ns 内对复合物进行了 MD 模拟。配体的 RMSD 值在 40ns 和 75ns 处持续增加，表明配体已经从结合位点移开，最终远离蛋白质本身[54]。在 Amber 22 中，使用 MMPBSA.py 进行分子力学/泊松-玻尔兹曼表面积计算，显示复合体系的蛋白质能量分布，以展示整个系统的稳定性。与 WT 酶（−64.02kcal/mol）相比，突变体 Lys 125Ile/Asn178 Ile 与小分子的结合自由能（ΔG）降至 −76.91kcal/mol，表明突变导致酶对底物的亲和力增加了 1.2 倍，与酶动力学结果一致。

对 *Bs*-YjiC 结构中残基的动态交叉相关性进行了 MD 模拟轨迹分析。关于相关的动态运动，生成了一个互相关矩阵（图 5-15）。白色块表示具有高相关运动的残基，而黑色块表示最小相关性。变体-配体复合物中的残基表现出更高的相

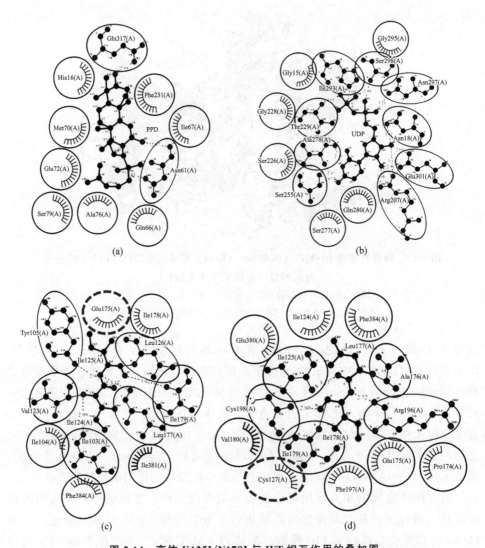

图 5-14　变体 K125I/N178I 与 WT 相互作用的叠加图

（a）人参皂苷 PPD 结合位点；（b）UDP 结合位点；（c）残基 Ile125 位点；
（d）残基 Ile178 位点。自动叠加由 LigPlot＋完成
WT 图被自动拟合到 Lys 125Ile/Asn178 Ile 图上

关性和与纯蛋白质相似的性质。FEL 表示蛋白质折叠达到最低能量状态。通过对应反应坐标的二维概率分布进行玻尔兹曼反演计算，可以定量估计 WT 和变体 Lys 125Ile/Asn178 Ile 结构的相对稳定性。纯蛋白质、WT-配体复合物和变体-配体复合物的 FEL 比较表明，变体的构象稳定性变化更好（图 5-15）。

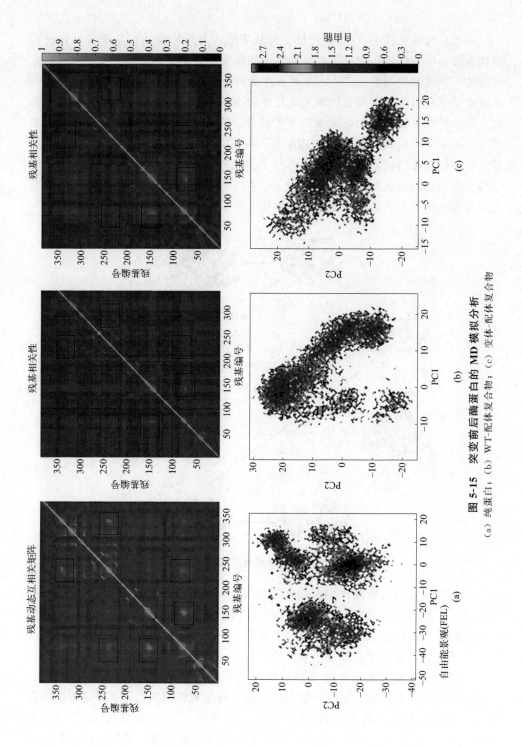

图 5-15　突变前后酶蛋白的 MD 模拟分析

(a) 纯蛋白；(b) WT-配体复合物；(c) 变体-配体复合物

马尔可夫状态模型（MSM）是一种基于统计力学原理的数学框架，通过构建状态转移网络解析生物分子在平衡态下的构象动力学机制。研究人员通过动态集方法，已成功使用宏观态 MSM 对各种蛋白质的功能构象变化进行了研究[55]。本研究基于自由能景观参数构建 1μs 尺度的 MSM，然后通过计算不同宏观态构象之间的转换来验证马尔可夫量的相关属性。在图 5-16 中，构象 8 是主要的宏观态，占整个模拟的 35％，其中构象 7——8、6——8 和 4——8 的转换时间明显短于其他构象的转换时间。而后进行了主成分分析（PCA），用以揭示蛋白质结构变化引起的氨基酸残基的轨迹分布。在 PC1 模式下，轨迹的特征向量表现更为显著，代表了该轨迹的全局运动特征（图 5-17）。

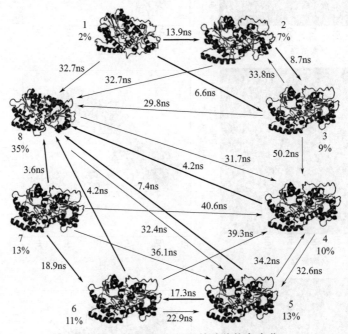

图 5-16　由 MSM 所阐明的功能构象变化

从典型的蛋白质宏观结构开始，通过纯 WT 蛋白质和变体的复合物来调查突变位点。配体通过近端位点传递变构效应到远端位点。研究表明，远程突变易于增强酶活性，并且大多数改性都位于螺旋上，以提高活性。

② *Bs*-YjiC 及其变体的分子动力学

为进一步解释热稳定性对蛋白质折叠的影响，在不同温度（308K、400K、440K 和 480K）下进行了 600ns 的 MD 模拟，直至观察到蛋白质展开过程，以确定显著的构象变化。有研究探讨了 WT 及其变体（Lys 125Ile/Asn178 Ile 和 Met315Phe）的结构稳定性。SASA 反映了蛋白质的疏水性，提高蛋白质整体疏水性有助于其内部折叠，从而提高其稳定性。在这项研究中，四种蛋白质的

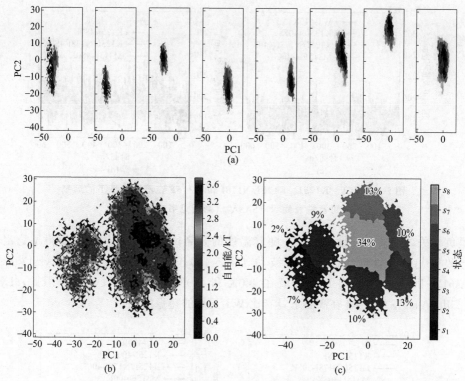

图 5-17　马尔可夫状态模型（MSM）的主成分分析（PCA）

（a）多重；（b）自由能表面（FEL）；（c）状态

SASA 随时间呈现相同的变化趋势，在不同温度下保持一致（图 5-18）。在 480K 下，Lys 125Ile/Asn178 Ile 变体的平均 SASA 降至 177.40nm^2，而 WT 的平均 SASA 为 200.17nm^2，表明在 Lys125 和 Asn178 处的突变抑制了 Bs-YjiC 与水分子之间的相互作用，增加了蛋白质的致密性。

RMSD 可用于估计蛋白质构象的热波动。蛋白质的 RMSD 值与其热稳定性

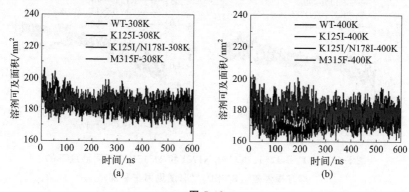

图 5-18

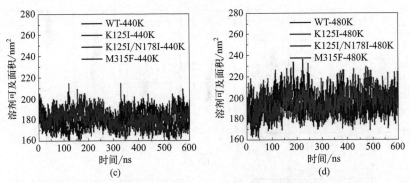

图 5-18　WT、K125I、K125I/N178I 和 M315F 在不同温度下的溶剂可及性表面积（SASA）（彩图见书末彩插）

呈负相关，与其刚度呈正相关。随着温度的升高，蛋白质结构逐渐变得不稳定，导致相应 RMSD 曲线出现显著波动（图 5-19）。与其他变体相比，Lys 125Ile/Asn178 Ile 变体的平均 RMSD 值在 440K 和 480K 时略低于其他酶。因此，Lys 125Ile/Asn178 Ile 变体在高温下具有比 WT 更好的热稳定性。

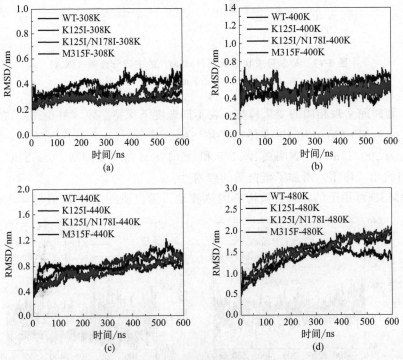

图 5-19　WT、K125I、K125I/N178I 和 M315F 在不同温度下的均方根偏差（RMSD）（彩图见书末彩插）

RMSF 值反映蛋白质结构中残基的自由度和灵活性。图 5-20 显示，属于螺旋的 127～177 区域中残基更加灵活。在 308K 和 400K 时，变体 RMSF 的整体波动与 WT 相似。在 440K 时，Lys 125Ile 的 RMSF 值高于 WT（260～280 残基）。与 WT 相比，Lys 125Ile/Asn178 Ile 变体在 480K 时的 RMSF 值在 90～135 和 155～180 区域显著降低。大多数变化发生在环区域。如图 5-13 所示，突变残基 Lys125 和 Asn178 位于 β-折叠中。在螺旋末端的两端，氨基酸柔性减少，大大提升了 *Bs*-YjiC 的热稳定性。Lys 125Ile/Asn178 Ile 的 RMSF 值在 227～250 区域明显增加，表明在高温下两端（234～245）的螺旋结构更不稳定，这可能对 UDP 与酶的结合区域产生不利影响。

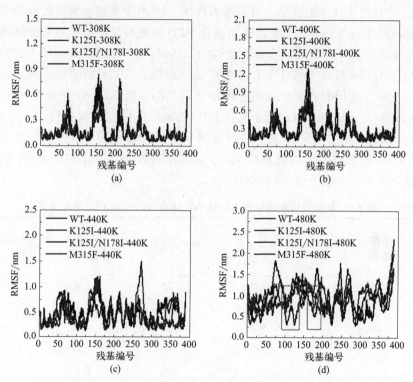

图 5-20　WT、K125I、K125I/N178I 和 M315F 在不同
温度下的 RMSF 值（彩图见书末彩插）

蛋白质的热敏感残基及其位置可以通过 RMSF 值的差异进行识别。RMSF 差异分析显示，突变体 Lys 125Ile/Asn178 Ile 的热敏感残基最少，Asn178 和 Lys125 位点具有协同作用，其中一个位点导致另一个位点的相邻残基从热敏感残基变为热稳定残基。Asn178 和 Lys125 位点的突变还增加了 230～251 区域的热敏感残基。突变体 Met315Phe 增加了热敏感残基，与 Ma 等人的研究中最佳温度降至 35℃一致[51]。

进一步研究与结构灵活性相关的二级结构的演变。WT、Lys 125Ile 和 Met315Phe 的二级结构在 440K 波动明显，α-螺旋、β-折叠和三螺旋变得不稳定并展开。α-螺旋对整个二级结构的贡献最大。与所有研究温度下的其他酶相比，Lys 125Ile/Asn178 Ile 的二级结构保持稳定。因此，Lys125 和 Asn178 位点的突变略微增加了酶二级结构的稳定性。综上所述，通过模拟酶在与实验环境最接近条件下的构象变化，预测蛋白质中每个原子随温度变化的动态行为，从而揭示了疏水相互作用力和结构紧密度增加对蛋白质结构热稳定性的积极影响。

（4）基于变体 K125I/N178I 和 AtSuSy 的一锅级联催化体系的构建

① PPD 转化反应的优化。以蔗糖为供体、UDP 为葡萄糖回收底物构建的一锅式 Met315Phe-AtSuSy 双酶偶联糖基化 PPD 转化系统，能够高效经济地生产稀有人参皂苷 F12 和 Rh2。当提供足够的 AtSuSy 时，添加 100mU/mL 的突变体酶 Met315Phe 可使人参皂苷 Rh2 的产量达到最大，并且随着突变体酶的持续添加，人参皂苷 PPD 的转化仅略有增加（表 5-8）。当 AtSuSy 酶活性从 60mU/mL 增加到 360mU/mL 时，人参皂苷 PPD 的转化率从 25％增加到 73％。然而，当添加 240mU/mL AtSuSy 时，人参皂苷 Rh2 的产量最小，表明此时已提供足够的 UDPG 以进行连续的糖基化反应。因此，K125I/N178I 和 AtSuSy 的最佳添加量分别为 100mU/mL 和 240mU/mL。

表 5-8   级联反应中酶变体 K125I/N178I 与 AtSuSy 比例的优化情况

条目	K125I/N178I 酶活性/(mU/mL)	AtSuSy 酶活性/(mU/mL)	PPD 转化率/%	F12 含量/(mmol/L)	Rh2 含量/(mmol/L)
1	50	300	43	0.40	0.03
2	100	300	64	0.60	0.04
3	200	300	69	0.65	0.04
4	300	300	72	0.68	0.04
5	100	60	25	0.12	0.13
6	100	120	58	0.43	0.15
7	100	240	71	0.67	0.04
8	100	360	73	0.69	0.04

进一步在不同温度（30～55℃）、pH 值（6.5～8.5）、DMSO 浓度（0～16％）和蔗糖浓度（0.2～0.8mol/L）下确定了最佳反应条件。在 45℃、pH8.0、6％ DMSO 和 0.5mol/L 蔗糖条件下获得 PPD 的最高转化率（图 5-21）。UDP（0.1～0.4mmol/L）和 PPD（0.4～1.4mmol/L）在级联反应中作为关键辅因子，底物反应浓度的持续优化也是关键影响因素，因为 UDP 和

PPD 对 UGT 活性有复杂影响。在 0.25mmol/L UDP 时，PPD 的转化率为 0.1mmol/L UDP 条件下的 1.46 倍，而随着 UDP 浓度的增加，PPD 的转化率略有降低，表明高 UDP 浓度抑制了 PPD 的糖基化。当 PPD 浓度从 0.4mmol/L 增加到 1.4mmol/L 时，转化率从 97% 下降到 51%。最大人参皂苷 F12 产量（0.74mmol/L）在 1.0mmol/L PPD 时获得。因此选择 45℃、pH8.0、6% DMSO、0.25mmol/L UDP、0.5mol/L 蔗糖和 1.0mmol/L PPD 条件作为后续分批反应条件。

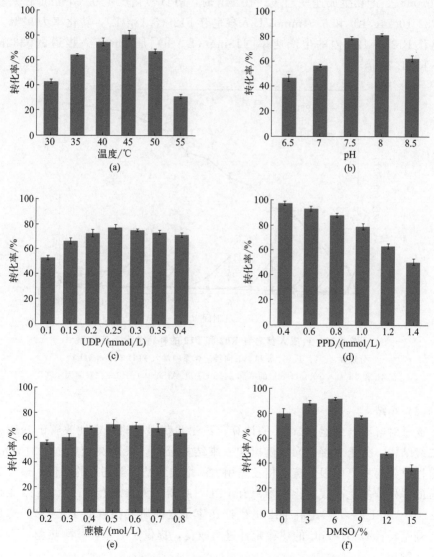

图 5-21　变体 K125I/N178I/AtSuSy 的级联反应条件的优化

② 底物 PPD 进料策略的工艺优化。采用底物进料策略，在优化的反应条件下，定期添加 PPD 进行补料分批反应，制备稀有人参皂苷。UGT 在第一个小时内迅速反应，几乎将 1mmol/L PPD 完全转化为 0.02mmol/L 人参皂苷 Rh2 和 0.94mmol/L F12（图 5-22）。人参皂苷 F12 是级联反应的主要产物，只产生微量的人参皂苷 Rh2，这与 UDPG 作为葡萄糖供体的体外酶促反应一致。反应 10h 后，由于体系内持续补加 PPD，底物积累导致中间产物 Rh2 和最终产物 F12 的生成速率减缓，酶活性逐步耗竭，反应速率显著下降，反应第 10h 的转化率下降到 30.06%，产物生成速率趋缓。在 14h 时，PPD 转化产生 0.39mmol/L 人参皂苷 Rh2（0.24g/L）和 6.54mmol/L 人参皂苷 F12（5.13g/L），转化率为 93%。人参皂苷 F12 在 12h 内的生产速率[415mg/（L·h）]是 Dai 等人报道的[332mg/（L·h）]1.25 倍[50]。

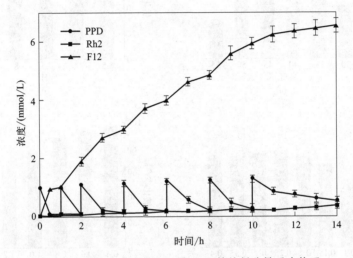

图 5-22　合成人参皂苷 Rh2 和 F12 的补料分批反应体系

分别在 1、2、4、6、8 和 10h 向反应体系中加入 PPD（1mmol/L）。

在 4h 和 8h 加入 100mU/mL 的酶和 240mU/mL AtSuSy（pH8.0；温度为 45℃）

(5) 小结

通过对解离自由能（ΔG）的计算，预测并获得了热稳定性改善的变体。通过二级结构、分子对接、MD 模拟和三维结构分析，发现突变体 Met315Phe 热稳定性改善的主要原因是疏水相互作用力的增加和结构柔韧性的降低。通过双酶耦合的体外糖基化高效转化人参皂苷 PPD，获得了人参皂苷 F12（5.13g/L）和 Rh2（0.24g/L）。人参皂苷 F12 的生产速率是之前研究报告的 1.25 倍。这是首次对糖基转移酶 Bs-YjiC 的热稳定性进行改良，提供了糖基转移酶热稳定性工程的潜在策略。

参考文献

[1] Nidetzky B, Gutmann A, Zhong C. Leloir glycosyltransferases as biocatalysts for chemical production [J]. ACS Catalysis, 2018, 8 (7): 6283-6300.

[2] Merritt J H, Ollis A A, Fisher A C, et al. Glycans-by-design: engineering bacteria for the biosynthesis of complex glycans and glycoconjugates [J]. Biotechnology and Bioengineering, 2013, 110 (6): 1550-1564.

[3] Meszaros Z, Nekvasilova P, Bojarova P, et al. Advanced glycosidases as ingenious biosynthetic instruments [J]. Biotechnology Advances: An International Review Journal, 2021 (49): 107733-107759.

[4] Desmet T, Soetaert W, Bojarova P, et al. Enzymatic glycosylation of small molecules: challenging substrates require tailored catalysts [J]. Chemistry-A European Journal, 2012, 18 (35): 10786-10801.

[5] Chen X. Human Milk Oligosaccharides (HMOS): structure, function, and enzyme-catalyzed synthesis [J]. Advances in Carbohydrate Chemistry and Biochemistry, 2015, 72: 113-190.

[6] Yang Q. Chemoenzymatic glycan remodeling of natural and recombinant glycoproteins [J]. Methods in Enzymology, 2017, 597: 265-281.

[7] Teze D, Shuoker B, Chaberski, E K, et al. The catalytic acid-base in GH109 resides in a conserved GGHGG loop and allows for comparable α-retaining and β-inverting activity in an N-acetylgalactosaminidase from akkermansia muciniphila [J]. ACS Catalysis, 2020, 10 (6): 3809-3819.

[8] Coines J, Alfonso-Prieto M, Biarnés X, et al. Oxazoline or oxazolinium ion? The protonation state and conformation of the reaction intermediate of chitinase enzymes revisited [J]. Chemistry, 2018, 24 (72): 19258-19265.

[9] Sobala L F, Speciale G, Zhu S, et al. An epoxide intermediate in glycosidase catalysis [J]. ACS Central Science, 2020, 6 (5): 760-770.

[10] Lairson L L, Henrissat B, Davies G J, et al. Glycosyltransferases: structures, functions, and mechanisms [J]. Annual Review of Biochemistry, 2008, 77 (1): 521-555.

[11] Gómez H, Polyak I, Thiel W, et al. Retaining glycosyltransferase mechanism studied by QM/MM methods: lipopolysaccharyl-α-1,4-galactosyltransferase C transfers α-galactose via an oxocarbenium ion-like transition state [J]. Journal of the American Chemical Society, 2012, 134 (10): 4743-4752.

[12] Darby J F, Gilio A K, Piniello B, et al. Substrate engagement and catalytic mechanisms of N-acetylglucosaminyltransferase V [J]. ACS Catalysis, 2020, 10: 8590-8596.

[13] Planas A. Glycoside hydrolases: mechanisms, specificities, and engineering [M]. New York: Academic Press, 2023: 25-53.

[14] Teze D, Coines J, Cuxart I. Computer simulation to rationalize "rational" engineer-

ing of glycoside hydrolases and glycosyltransferases [J]. The Journal of Physical Chemistry B, 2022, 126 (4): 802-812.

[15] Hao S, Liu Y, Qin Y, et al. Expression of a highly active β-glucosidase from *Aspergillus niger* AS3.4523 in *Escherichia coli* and its application in gardenia blue preparation [J]. Annals of Microbiology, 2020, 70 (1): 13213-13220.

[16] Yao G, Wu R, Kan Q, et al. Production of a high-efficiency cellulase complex via β-glucosidase engineering in *Penicillium oxalicum* [J]. Biotechnology for Biofuels and Bioproducts, 2016, 9 (1): 78.

[17] Huihui S, Yemin X, Yufei L. Enhanced catalytic efficiency in quercetin-4′-glucoside hydrolysis of thermotoga maritima β-glucosidase a by site-directed mutagenesis [J]. Journal of Agricultural and Food Chemistry, 2014, 62 (28): 6763-6770.

[18] SunJ, Wang W, Ying Y, et al. A novel glucose-tolerant GH1 β-glucosidase and improvement of its glucose updates tolerance using site-directed mutation [J]. Applied Biochemistry and Biotechnology, 2020, 192 (3): 999-1015.

[19] Pang P, Cao L, Liu Y, et al. Structures of a glucose-tolerant β-glucosidase provide insights into its mechanism [J]. Journal of Structural Biology, 2017, 198 (3): 154-162.

[20] Pengthaisong S, Piniello B, Davies G J, et al. Reaction mechanism of glycoside hydrolase family 116 utilizes perpendicular protonation [J]. ACS catalysis, 2023, 13 (9): 5850-5863.

[21] Huang Y Y, Lv Z H, Zheng H Z, et al. Characterization of a thermophilic and glu-cose-tolerant GH1 β-glucosidase from hot springs and its prospective application in corn stover degradation [J]. Frontiers in Microbiology, 2023, 14: 1286682.

[22] Chu J, Zhao L, Xu X, et al. Evolving the 3-*O*/6-*O* regiospecificity of a microbial glycosyltransferase for efficient production of ginsenoside Rh1 and unnatural ginsen-oside [J]. International Journal of Biological Macromolecules, 2024, 261: 129678.

[23] Williams G J, Zhang C, Thorson J S. Expanding the promiscuity of a natural-prod-uct glycosyltransferase by directed evolution [J]. Nature Chemical Biology, 2007, 3 (10): 657-662.

[24] Zeuner B, Vuillemin M, Holck J, et al. Loop engineering of an α-1,3/4-L-fucosi-dase for improved synthesis of human milk oligosaccharides [J]. Enzyme and Microbial Technology, 2018, 115: 37-44.

[25] Teze D, Zhao J, Wiemann M, et al. Rational enzyme design without structural knowledge: a sequence-based approach for efficient generation of transglycosylases [J]. Chemistry, 2021, 27 (40): 10323-10334.

[26] Schmoelzer K, Weingarten M, Baldenius K, et al. Glycosynthase principle trans-formed into biocatalytic process technology: lacto-*N*-triose Ⅱ production with engi-neered *exo*-hexosaminidase [J]. ACS Catalysis, 2019, 9 (6): 5503-5514.

[27] Laura M, Andres G S, Francisco C, et al. Impact of aromatic stacking on glycoside reactivity: balancing CH/π and Cation/π interactions for the stabilization of glyco-syl-oxocarbenium ions [J]. Journal of the American Chemical Society, 2019, 141

(34)： 13372-13384.

[28] Ouzzine M，Gulberti S，Levoin N，et al. The donor substrate specificity of the human β-1,3-glucuronosyltransferase I toward UDP-glucuronic acid is determined by two crucial histidine and arginine residues [J]. Journal of Biological Chemistry，2002，277（28）：25439-25445.

[29] Patenaude S I，Seto N O L，Borisova S N，et al. The structural basis for specificity in human ABO（H）blood group biosynthesis [J]. Nature Structural and Molecular Biology，2002，9（9）：685-690.

[30] Cheng F，Zhou S Y，Chen L X. Reaction-kinetic model-guided biocatalyst engineering for dual-enzyme catalyzed bioreaction system [J]. Chemical Engineering Journal，2023，452：138997-139007.

[31] Hait S，Mallik S，Basu S，et al. Finding the generalized molecular principles of protein thermal stability [J]. Proteins-Structure Function and Bioinfrmatics，2020，88（6）：788-808.

[32] Ban X，Wang T，Fan W，et al. Thermostability and catalytic ability enhancements of 1,4-α-glucan branching enzyme by introducing salt bridges at flexible amino acid sites [J]. International Journal of Biological Macromolecules，2023，224：1276-1282.

[33] Pisani F M，Rella R，Raia C A，et al. Thermostable beta-galactosidase from the archaebacterium sulfolobus solfataricus purification and properties [J]. FEBSJournal，1990，187（2）：321-328.

[34] Yan W，Zhou J，Gu Q，et al. Combinatorial enzymatic catalysis for bioproduction of ginsenoside compound K [J]. Journal of Aricultural and Food Chemistry. 2023，71：3385-3397.

[35] Moracci M，Capalbo L，Ciaramella M，et al. Identification of two glutamic acid residues essential for catalysis in the β-glycosidase from the thermoacidophilic archaeon *Sulfolobus solfataricus* [J]. Protein Engineering，Design and Selection，1996，9（12）：1191-1195.

[36] Moracci M，Trincone A，Perugino G，et al. Restoration of the activity of active-site mutants of the hyperthermophilic beta-glycosidase from *Sulfolobus solfataricus*：dependence of the mechanism on the action of external nucleophiles [J]. Biochemistry，1998，37（49）：17262-17270.

[37] Moracci M，Ciaramella M，Rossi M. β-Glycosidase from *Sulfolobus solfataricus* [J]. Methods in Enzymology，2001，330：201-215.

[38] Ausili A，Cobucci-Ponzano B，Lauro B D，et al. A comparative infrared spectroscopic study of glycoside hydrolases from extremophilic archaea revealed different molecular mechanisms of adaptation to high temperatures [J]. Proteins Structure Function and Bioinformatics，2010，67（4）：991-1001.

[39] Chi H，Wang Y，Xia B，et al. Enhanced thermostability and molecular insights for L-asparaginase from *Bacillus licheniformis* via structure-and computation-based rational design [J]. Journal of Agricultural and Food Chemistry. 2022，70（45）：14499-14509.

[40] Han C, Li W, Hua C, et al. Enhancement of catalytic activity and thermostability of a thermostable cellobiohydrolase from *Chaetomium thermophilum* by site-directed mutagenesis [J]. International Journal of Biological Macromolecules, 2018, 116: 691-697.

[41] Yi Z L, Zhang S B, Pei X Q, et al. Design of mutants for enhanced thermostability of *β*-glycosidase BglY from *Thermus thermophilus* [J]. Bioresource Technology, 2013, 129: 629-633.

[42] Yu H, Dalby P A. Exploiting correlated molecular-dynamics networks to counteract enzyme activity-stability trade-off [J]. Proceedings of the National Academy of Sciences of the United States of America, 2018, 115 (52): 12192-12200.

[43] Shen W, Dalby P A, Guo Z, et al. Residue effect-guided design: engineering of *S. solfataricus β*-glycosidase to enhance its thermostability and bioproduction of ginsenoside compound K [J]. Journal of Agricultural and Food Chemistry, 2023, 71 (44): 16669-16680.

[44] Zhou Z. Modulating the pH profile of thepullulanase from *Pyrococcus yayanosii* CH1 by synergistically engineering the active center and surface [J]. Interbational Journal of Biological Macromolecules, 2022, 216: 132-139.

[45] Rose S A D, Kuprat T, Isupov M N, et al. Biochemical and structural characterisation of a novel D-lyxose isomerase from the hyperthermophilic archaeon *Thermofilum* sp. [J]. Frontiers in Bioengineering and Biotechnology, 2021, 9: 711487-711499.

[46] Luo J, Song C, Cui W, et al. Counteraction of stability-activity trade-off of Nattokinase through flexible region shifting [J]. Food Chemistry, 2023, 423: 136241-136247.

[47] Shin K C, Choi H Y, Seo M J, et al. Improved conversion of ginsenoside Rb1 to compound K by semi-rational design of *Sulfolobus solfataricus β*-glycosidase [J]. AMB Express, 2017, 7 (1): 186-196.

[48] Momeni L, Shareghi B, Saboury A A, et al. A spectroscopic and thermal stability study on the interaction between putrescine and bovine trypsin [J]. International Journal of Biological Macromolecules, 2017, 94: 145-153.

[49] Dai L, Liu C, Li J, et al. One-pot synthesis of ginsenoside Rh2 and bioactive unnatural ginsenoside by coupling promiscuous glycosyltransferase from *Bacillus subtilis* 168 to sucrose synthase [J]. Journal of Agricultural and Food Chemistry, 2018, 66 (11): 2830-2837.

[50] Dai L, Li J, Yang J, et al. Use of a promiscuous glycosyltransferase from *Bacillus subtilis* 168 for the enzymatic synthesis of novel protopanaxatriol-type ginsenosides [J]. Journal of Agricultural and Food Chemistry, 2018, 66 (4): 943-949.

[51] Ma W, Zhao L, Ma Y, et al. Oriented efficient biosynthesis of rare ginsenoside Rh2 from PPD by compiling UGT-Yjic mutant with sucrose synthase [J]. International Journal of Biological Macromolecules, 2020, 146: 853-859.

[52] Guo H, Li W, Zhu C, et al. Enhancement of thermal stability of *Bacillus subtilis* 168 glycosyltransferase YjiC based on PoPMuSiC algorithm and its catalytic conversion of rare ginsenoside PPD [J]. Process Biochemistry, 2023, 132: 1-12.

［53］ Simone F R，Benedetta M，Roman S，et al. Single molecule secondary structure determination of proteins through infrared absorption nanospectroscopy ［J］. Nature communications，2020，11（1）：2945.

［54］ Mishra A，Khan W H，Rathore A S. Synergistic effects of natural compounds toward inhibition of SARS-CoV-2 3CL protease ［J］. Journal of chemical information and modeling，2021，61（11）：5708-5718.

［55］ Weiser J，Shenkin P S，Still W C. Approximate atomic surfaces from linear combination of pairwise overlaps（LCPO）［J］. Journal of Computational Chemistry，1999，20（2）：217-230.

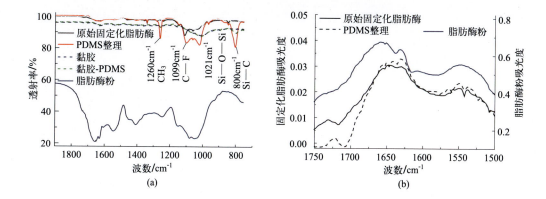

图2-32

(a)载体及粗酶粉、固定化酶的FTIR 谱图;(b)粗酶粉及固定化酶的ATR-FTIR 谱图

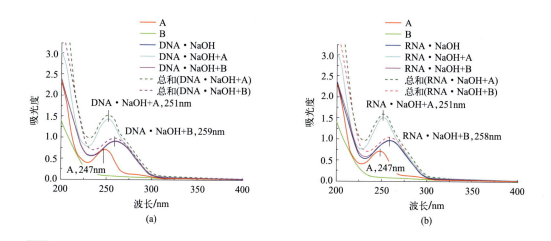

图3-12

催化剂(a)DNA·NaOH,(b)RNA·NaOH 和底物A 和B的紫外光吸收谱

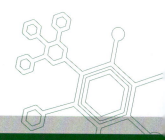

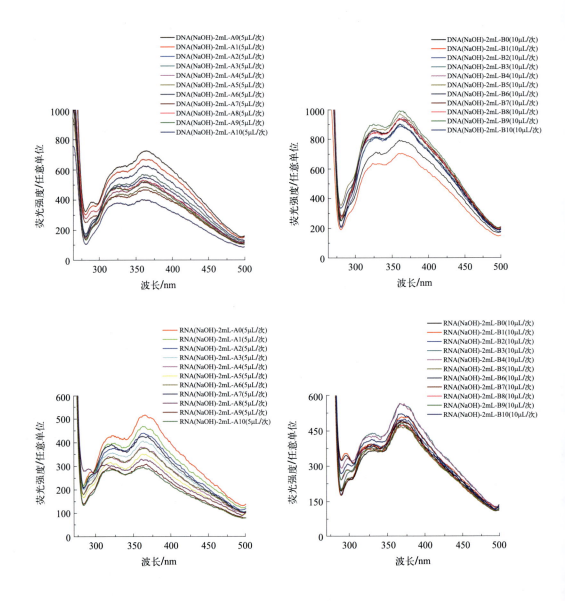

图3-13

对应表3-5,45°C时底物A/B和DNA·NaOH (RNA·NaOH)之间的荧光猝灭

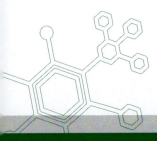

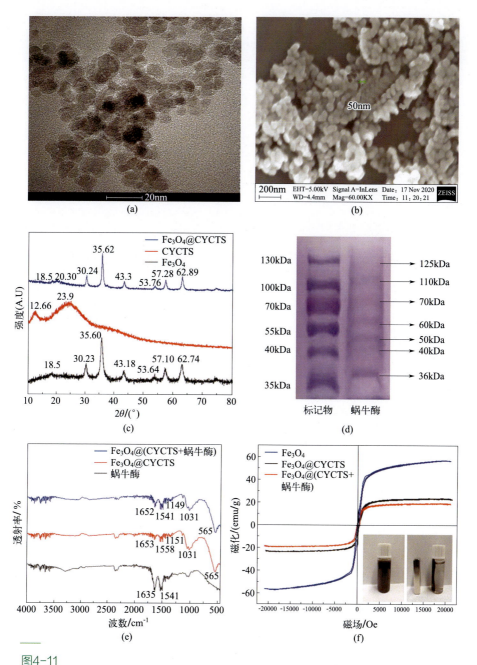

图4-11

MNP载体和固定化酶的表征

(a)Fe₃O₄ 的TEM 图像;(b)Fe₃O₄ @CYCTS的SEM 图像;
(c)Fe₃O₄ 、CYCTS和Fe₃O₄ @CYCTS的X射线衍射(XRD)光谱;(d)蜗牛酶的
SDS-PAGE分析;(e)蜗牛酶、Fe₃O₄ @CYCTS和Fe₃O₄ @ (CYCTS+蜗牛酶)
的FTIR光谱;(f)Fe₃O₄ 、Fe₃O₄ @CYCTS和Fe₃O₄ @ (CYCTS+蜗牛酶)的磁
化磁滞回线

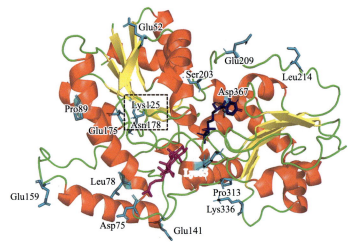

图5-13

糖基转移酶*Bs*-YjiC (PDB ID:6KQX)与原人参二醇(PPD)的分子对接模型

图中:α-螺旋(红色)、β-折叠片层(黄色)、环区及其他二级结构(绿色);配体PPD
(蓝色)、UDP(品红色);突变位点标记(青色)

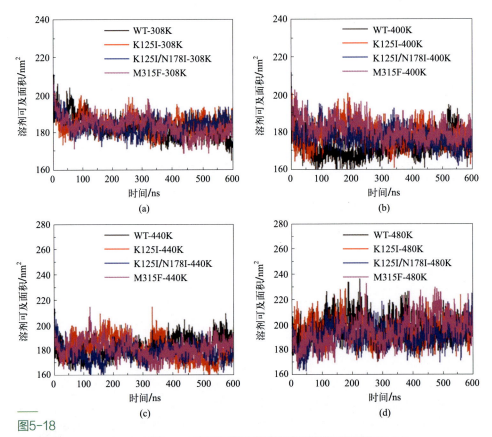

图5-18

WT、K125I、K125I/N178I和M315F在不同温度下的溶剂可及性表面积(SASA)

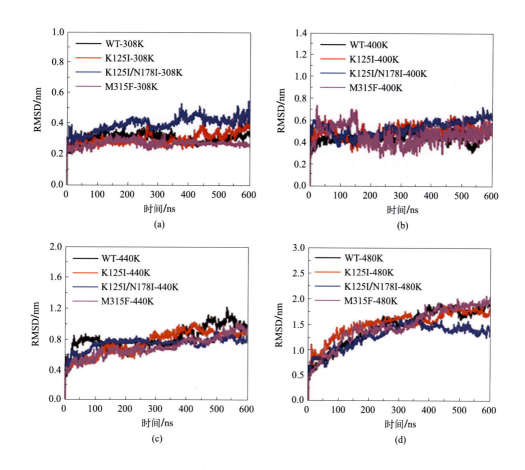

图5-19

WT、K125I、K125I/N178I和M315F在不同温度下的均方根偏差(RMSD)

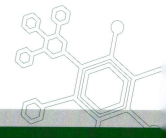

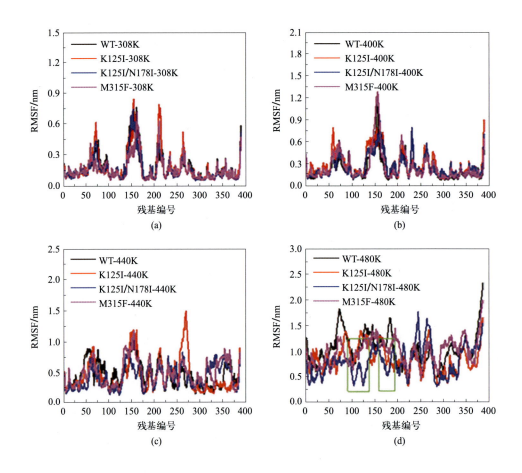

图5-20

WT、K125I、K125I/N178I和M315F在不同温度下的RMSF值

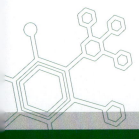